"十四五"时期国家重点出版物出版专项规划项目

中国建造关键技术创新与应用丛书

制药厂工程建造关键施工技术

肖绪文　蒋立红　张晶波　黄　刚　等　编

中国建筑工业出版社

图书在版编目（CIP）数据

制药厂工程建造关键施工技术 / 肖绪文等编. 一北京：中国建筑工业出版社，2023.12
（中国建造关键技术创新与应用丛书）
ISBN 978-7-112-29465-7

Ⅰ. ①制… Ⅱ. ①肖… Ⅲ. ①制药厂一工程施工 Ⅳ. ①TU276

中国国家版本馆 CIP 数据核字（2023）第 244763 号

本书结合实际制药厂建设情况，收集大量相关资料，对制药厂的建设特点、施工技术、施工管理等进行系统、全面的统计，并加以提炼，通过已建项目的施工经验，紧抓制药厂的特点以及施工技术难点，从制药厂的功能形态特征、关键施工技术、专业施工技术三个层面进行研究，形成一套系统的制药厂工程建造施工技术，并遵循集成技术开发思路，围绕制药厂工程建设，分篇章对其进行总结介绍，包括 6 项关键技术和 4 项专项技术，并且提供 6 个工程案例辅以说明。本书适合于制药厂建造施工领域技术、管理人员参考使用。

责任编辑：张　瑞　范业庶　万　李
责任校对：姜小莲

中国建造关键技术创新与应用丛书
制药厂工程建造关键施工技术
肖绪文　蒋立红　张晶波　黄　刚　等　编
*
中国建筑工业出版社出版、发行（北京海淀三里河路 9 号）
各地新华书店、建筑书店经销
北京红光制版公司制版
北京中科印刷有限公司印刷
*
开本：787 毫米×960 毫米　1/16　印张：12½　字数：197 千字
2023 年 12 月第一版　2023 年 12 月第一次印刷
定价：**55.00** 元
ISBN 978-7-112-29465-7
（41966）

《中国建造关键技术创新与应用丛书》
编　委　会

《制药厂工程建造关键施工技术》
编　委　会

《中国建造关键技术创新与应用丛书》编者的话

一、初心

“十三五”期间，我国建筑业改革发展成效显著，全国建筑业增加值年均增长 5.1%，占国内生产总值比重保持在 6.9%以上。2022 年，全国建筑业总产值近 31.2 万亿元，房屋施工面积 156.45 亿 m^2，建筑业从业人数 5184 万人。建筑业作为国民经济支柱产业的作用不断增强，为促进经济增长、缓解社会就业压力、推进新型城镇化建设、保障和改善人民生活作出了重要贡献，中国建造也与中国创造、中国制造共同发力，不断改变着中国面貌。

建筑业在为社会发展作出巨大贡献的同时，仍然存在资源浪费、环境污染、碳排放高、作业条件差等显著问题，建筑行业工程质量发展不平衡不充分的矛盾依然存在，随着国民生活水平的快速提升，全面建成小康社会也对工程建设产品和服务提出了新的要求，因此，建筑业实现高质量发展更为重要紧迫。

众所周知，工程建造是工程立项、工程设计与工程施工的总称，其中，对于建筑施工企业，更多涉及的是工程施工活动。在不同类型建筑的施工过程中，由于工艺方法、作业人员水平、管理质量的不同，导致建筑品质总体不高、工程质量事故时有发生。因此，亟须建筑施工行业，针对各种不同类别的建筑进行系统集成技术研究，形成成套施工技术，指导工程实践，以提高工程品质，保障工程安全。

中国建筑集团有限公司（简称“中建集团”），是我国专业化发展最久、市场化经营最早、一体化程度最高、全球规模最大的投资建设集团。2022 年，中建集团位居《财富》“世界 500 强”榜单第 9 位，连续位列《财富》“中国 500 强”前 3 名，稳居《工程新闻记录》（ENR）“全球最大 250 家工程承包商”榜单首位，连续获得标普、穆迪、惠誉三大评级机构A级信用评级。近年来，随着我国城市化进程的快速推进和经济水平的迅速增长，中建集团下属各单位在航站楼、会展建筑、体育场馆、大型办公建筑、医院、制药厂、污水处理厂、居住建筑、建筑工程装饰装修、城市综合管廊等方面，承接了一大批国内外具有代表性的地标性工程，积累了丰富的施工管理经验，针对具体施工工艺，研究形成了许多卓有成效的新型施工技术，成果应用效果明显。然而，这些成果仍然分散在各个单位，应用水平参差不齐，难能实现资源共享，更不能在行业中得到广泛应用。

基于此，一个想法跃然而生：集中中建集团技术力量，将上述施工技术进行集成研究，形成针对不同工程类型的成套施工技术，可以为工程建设提供全方位指导和借鉴作用，为提升建筑行业施工技术整体水平起到至关重要的促进作用。

二、实施

初步想法形成以后，如何实施，怎样达到预期目标，仍然存在诸多困难：一是海量的工程数据和技术方案过于繁杂，资料收集整理工程量巨大；二是针对不同类型的建筑，如何进行归类、分析，形成相对标准化的技术集成，有效指导基层工程技术人员的工作难度很大；三是该项工作标准要求高，任务周期长，如何组建团队，并有效地组织完成这个艰巨的任务面临巨大挑战。

随着国家科技创新力度的持续加大和中建集团的高速发展，我们的想法得到了集团领导的大力支持，集团决定投入专项研发经费，对科技系统下达了针对“房屋建筑、污水处理和管廊等工程施工开展系列集成技术研究”的任务。

接到任务以后，如何出色完成呢？

首先是具体落实“谁来干”的问题。我们分析了集团下属各单位长期以来在该领域的技术优势，并在广泛征求意见的基础上，确定了“在集团总部主导下，以工程技术优势作为相应工程类别的课题牵头单位”的课题分工原则。具体分工是：中建八局负责航站楼；中建五局负责会展建筑；中建三局负责体育场馆；中建四局负责大型办公建筑；中建一局负责医院；中建二局负责制药厂；中建六局负责污水处理厂；中建七局负责居住建筑；中建装饰负责建筑装饰装修；中建集团技术中心负责城市综合管廊建筑。组建形成了由集团下属二级单位总工程师作课题负责人，相关工程项目经理和总工程师为主要研究人员，总人数达300余人的项目科研团队。

其次是确定技术路线，明确如何干的问题。通过对各类建筑的施工组织设计、施工方案和技术交底等指导施工的各类文件的分析研究发现，工程施工项目虽然千差万别，但同类技术文件的结构大多相同，内容的重复性大多占有主导地位，因此，对这些文件进行标准化处理，把共性技术和内容固化下来，这将使复杂的投标方案、施工组织设计、施工方案和技术交底等文件的编制变得相对简单。

根据之前的想法，结合集团的研发布局，初步确定该项目的研发思路为：全面收集中建集团及其所属单位完成的航站楼、会展建筑、体育场馆、大型办公建筑、医院、制药厂、污水处理厂、居住建筑、建筑工程装饰装修、城市综合管廊十大系列项目的所有资料，分析各类建筑的施工特点，总结其施工组织和部署的内在规律，提出该类建筑的技术对策。同时，对十大系列项目的施工组织设计、施工方案、工法等技术资源进行收集和梳理，将其系统化、标准化，以指导相应的工程项目投标和实施，提高项目运行的效率及质量。据此，针对不同工程特点选择适当的方案和技术是一种相对高效的方法，可有效减少工程项目技术人员从事繁杂的重复性劳动。

项目研究总体分为三个阶段：

第一阶段是各类技术资源的收集整理。项目组各成员对中建集团所有施工项目进行资料收集，并分类筛选。累计收集各类技术标文件381份，施工组织设计269份，项目施工图206套，施工方案3564篇，工法547项，专利241篇，论文若干，充分涵盖了十大类工程项目的施工技术。

第二阶段是对相应类型工程项目进行分析研究。由课题负责人牵头，集合集团专业技术人员优势能力，完成对不同类别工程项目的分析，识别工程特点难点，对关键技术、专项技术和一般技术进行分类，找出相应规律，形成相应工程实施的总体部署要点和组织方法。

第三阶段是技术标准化。针对不同类型工程项目的特点，对提炼形成的关键施工技术和专项施工技术进行系统化和规范化，对技术资料进行统一性要求，并制作相关文档资料和视频影像数据库。

基于科研项目层面，对课题完成情况进行深化研究和进一步凝练，最终通过工程示范，检验成果的可实施性和有效性。

通过五年多时间，各单位按照总体要求，研编形成了本套丛书。

三、成果

十年磨剑终成锋，根据系列集成技术的研究报告整理形成的本套丛书终将面世。丛书依据工程功能类型分为：航站楼、会展建筑、体育场馆、大型办公建筑、医院、制药厂、污水处理厂、居住建筑、建筑工程装饰装修、城市综合管廊十大系列，每一系列单独成册，每册包含概述、功能形态特征研究、关键技术研究、专项技术研究和工程案例五个章节。其中，概述章节主要介绍项目的发展概况和研究简介；功能形态特征研究章节对项目的特点、施工难点进行了分析；关键技术研究和专项技术研究章节针对项目施工过程中各类创新技术进行了分类总结提炼；工程案例章节展现了截至目前最新完成的典型工程项目。

1.《航站楼工程建造关键施工技术》

随着经济的发展和国家对基础设施投资的增加，机场建设成为国家投资的重点，机场除了承担其交通作用外，往往还肩负着代表一个城市形象、体现地区文化内涵的重任。该分册集成了国内近十年绝大多数大型机场的施工技术，提炼总结了针对航站楼的 17 项关键施工技术、9 项专项施工技术。同时，形成省部级工法 33 项、企业工法 10 项，获得专利授权 36 项，发表论文 48 篇，收录典型工程实例 20 个。

针对航站楼工程智能化程度要求高、建筑平面尺寸大等重难点，总结了 17 项关键施工技术：

- 装配式塔式起重机基础技术
- 机场航站楼超大承台施工技术
- 航站楼钢屋盖滑移施工技术

- 航站楼大跨度非稳定性空间钢管桁架“三段式”安装技术
- 航站楼“跨外吊装、拼装胎架滑移、分片就位”施工技术
- 航站楼大跨度等截面倒三角弧形空间钢管桁架拼装技术
- 航站楼大跨度变截面倒三角空间钢管桁架拼装技术
- 高大侧墙整体拼装式滑移模板施工技术
- 航站楼大面积曲面屋面系统施工技术
- 后浇带与膨胀剂综合用于超长混凝土结构施工技术
- 跳仓法用于超长混凝土结构施工技术
- 超长、大跨、大面积连续预应力梁板施工技术
- 重型盘扣架体在大跨度渐变拱形结构施工中的应用
- BIM机场航站楼施工技术
- 信息系统技术
- 行李处理系统施工技术
- 安检信息管理系统施工技术

针对屋盖造型奇特、机电信息系统复杂等特点，总结了9项专项施工技术：

- 航站楼钢柱混凝土顶升浇筑施工技术
- 隔震垫安装技术
- 大面积回填土注浆处理技术
- 厚钢板异形件下料技术
- 高强度螺栓施工、检测技术
- 航班信息显示系统（含闭路电视系统、时钟系统）施工技术
- 公共广播、内通及时钟系统施工技术
- 行李分拣机安装技术
- 航站楼工程不停航施工技术

2.《会展建筑工程建造关键施工技术》

随着经济全球化进一步加速，各国之间的经济、技术、贸易、文化等往来日益频繁，为会展业的发展提供了巨大的机遇，会展业涉及的范围越来越广，

规模越来越大，档次越来越高，在社会经济中的影响也越来越大。该分册集成了 30 余个会展建筑的施工技术，提炼总结了针对会展建筑的 11 项关键施工技术、12 项专项施工技术。同时，形成国家标准 1 部、施工技术交底 102 项、工法 41 项、专利 90 项，发表论文 129 篇，收录典型工程实例 6 个。

针对会展建筑功能空间大、组合形式多、屋面造型新颖独特等特点，总结了 11 项关键施工技术：

- 大型复杂建筑群主轴线相关性控制施工技术
- 轻型井点降水施工技术
- 吹填砂地基超大基坑水位控制技术
- 超长混凝土墙面无缝施工及综合抗裂技术
- 大面积钢筋混凝土地面无缝施工技术
- 大面积钢结构整体提升技术
- 大跨度空间钢结构累积滑移技术
- 大跨度钢结构旋转滑移施工技术
- 钢骨架玻璃幕墙设计施工技术
- 拉索式玻璃幕墙设计施工技术
- 可开启式天窗施工技术

针对测量定位、大跨度（钢）结构、复杂幕墙施工等重难点，总结了 12 项专项施工技术：

- 大面积软弱地基处理技术
- 大跨度混凝土结构预应力技术
- 复杂空间钢结构高空原位散件拼装技术
- 穹顶钢—索膜结构安装施工技术
- 大面积金属屋面安装技术
- 金属屋面节点防水施工技术
- 大面积屋面虹吸排水系统施工技术
- 大面积异形地面铺贴技术

● 大空间吊顶施工技术

● 大面积承重耐磨地面施工技术

● 饰面混凝土技术

● 会展建筑机电安装联合支吊架施工技术

3.《体育场馆工程建造关键施工技术》

体育比赛现今作为国际政治、文化交流的一种依托，越来越受到重视，同时，我国体育事业的迅速发展，带动了体育场馆的建设。该分册集成了中建集团及其所属企业完成的绝大多数体育场馆的施工技术，提炼总结了针对体育场馆的 16 项关键施工技术、17 项专项施工技术。同时，形成国家级工法 15 项、省部级工法 32 项、企业工法 26 项、专利 21 项，发表论文 28 篇，收录典型工程实例 15 个。

为了满足各项赛事的场地高标准需求（如赛场平整度、光线满足度、转播需求等），总结了 16 项关键施工技术：

● 复杂（异形）空间屋面钢结构测量及变形监测技术

● 体育场看台依山而建施工技术

● 大截面 Y 形柱施工技术

● 变截面 Y 形柱施工技术

● 高空大直径组合式 V 形钢管混凝土柱施工技术

● 异形尖劈柱施工技术

● 永久模板混凝土斜扭柱施工技术

● 大型预应力环梁施工技术

● 大悬挑钢桁架预应力拉索施工技术

● 大跨度钢结构滑移施工技术

● 大跨度钢结构整体提升技术

● 大跨度钢结构卸载技术

● 支撑胎架设计与施工技术

● 复杂空间管桁架结构现场拼装技术

- 复杂空间异形钢结构焊接技术
- ETFE 膜结构施工技术

为了更好地满足观赛人员的舒适度，针对体育场馆大跨度、大空间、大悬挑等特点，总结了 17 项专项施工技术：

- 高支模施工技术
- 体育馆木地板施工技术
- 游泳池结构尺寸控制技术
- 射击馆噪声控制技术
- 体育馆人工冰场施工技术
- 网球场施工技术
- 塑胶跑道施工技术
- 足球场草坪施工技术
- 国际马术比赛场施工技术
- 体育馆吸声墙施工技术
- 体育场馆场地照明施工技术
- 显示屏安装技术
- 体育场馆智能化系统集成施工技术
- 耗能支撑加固安装技术
- 大面积看台防水装饰一体化施工技术
- 体育场馆标识系统制作及安装技术
- 大面积无损拆除技术

4.《大型办公建筑工程建造关键施工技术》

随着现代城市建设和城市综合开发的大幅度前进，一些大城市尤其是较为开放的城市在新城区规划设计中，均加入了办公建筑及其附属设施（即中央商务区/CBD）。该分册全面收集和集成了中建集团及其所属企业完成的大型办公建筑的施工技术，提炼总结了针对大型办公建筑的 16 项关键施工技术、28 项专项施工技术。同时，形成适用于大型办公建筑施工的专利共 53 项、工法 12

项，发表论文65篇，收录典型工程实例9个。

针对大型办公建筑施工重难点，总结了16项关键施工技术：

- 大吨位长行程油缸整体顶升模板技术
- 箱形基础大体积混凝土施工技术
- 密排互嵌式挖孔方桩墙逆作施工技术
- 无粘结预应力抗拔桩桩侧后注浆技术
- 斜扭钢管混凝土柱抗剪环形梁施工技术
- 真空预压＋堆载振动碾压加固软弱地基施工技术
- 混凝土支撑梁减振降噪微差控制爆破拆除施工技术
- 大直径逆作板墙深井扩底灌注桩施工技术
- 超厚大斜率钢筋混凝土剪力墙爬模施工技术
- 全螺栓无焊接工艺爬升式塔式起重机支撑牛腿支座施工技术
- 直登顶模平台双标准节施工电梯施工技术
- 超高层高适应性绿色混凝土施工技术
- 超高层不对称钢悬挂结构施工技术
- 超高层钢管混凝土大截面圆柱外挂网抹浆防护层施工技术
- 低压喷涂绿色高效防水剂施工技术
- 地下室梁板与内支撑合一施工技术

为了更好利用城市核心区域的土地空间，打造高端的知名品牌，大型办公建筑一般为高层或超高层项目，基于此，总结了28项专项施工技术：

- 大型地下室综合施工技术
- 高精度超高测量施工技术
- 自密实混凝土技术
- 超高层导轨式液压爬模施工技术
- 厚钢板超长立焊缝焊接技术
- 超大截面钢柱陶瓷复合防火涂料施工技术
- PVC中空内模水泥隔墙施工技术

- 附着式塔式起重机自爬升施工技术
- 超高层建筑施工垂直运输技术
- 管理信息化应用技术
- BIM施工技术
- 幕墙施工新技术
- 建筑节能新技术
- 冷却塔的降噪施工技术
- 空调水蓄冷系统蓄冷水池保温、防水及均流器施工技术
- 超高层高适应性混凝土技术
- 超高性能混凝土的超高泵送技术
- 超高层施工期垂直运输大型设备技术
- 基于BIM的施工总承包管理系统技术
- 复杂多角度斜屋面复合承压板技术
- 基于BIM的钢结构预拼装技术
- 深基坑旧改项目利用旧地下结构作为支撑体系换撑快速施工技术
- 新型免立杆铝模支撑体系施工技术
- 工具式定型化施工电梯超长接料平台施工技术
- 预制装配化压重式塔式起重机基础施工技术
- 复杂异形蜂窝状高层钢结构的施工技术
- 中风化泥质白云岩大筏板基础直壁开挖施工技术
- 深基坑双排双液注浆止水帷幕施工技术

5.《医院工程建造关键施工技术》

由于我国医疗卫生事业的发展，许多医院都先后进入“改善医疗环境”的建设阶段，各地都在积极改造原有医院或兴建新型的现代医疗建筑。该分册集成了中建集团及其所属企业完成的医院的施工技术，提炼总结了针对医院的7项关键施工技术、7项专项施工技术。同时，形成工法13项，发表论文7篇，收录典型工程实例15个。

针对医院各功能板块的使用要求，总结了 7 项关键施工技术：

- 洁净施工技术
- 防辐射施工技术
- 医院智能化控制技术
- 医用气体系统施工技术
- 酚醛树脂板干挂法施工技术
- 橡胶卷材地面施工技术
- 内置钢丝网架保温板（IPS 板）现浇混凝土剪力墙施工技术

针对医院特有的洁净要求及通风光线需求，总结了 7 项专项施工技术：

- 给水排水、污水处理施工技术
- 机电工程施工技术
- 外墙保温装饰一体化板粘贴施工技术
- 双管法高压旋喷桩加固抗软弱层位移施工技术
- 构造柱铝合金模板施工技术
- 多层钢结构双向滑动支座安装技术
- 多曲神经元网壳钢架加工与安装技术

6.《制药厂工程建造关键施工技术》

随着人民生活水平的提高，对药品质量的要求也日益提高，制药厂越来越多。该分册集成了 15 个制药厂的施工技术，提炼总结了针对制药厂的 6 项关键施工技术、4 项专项施工技术。同时，形成论文和总结 18 篇、施工工艺标准 9 篇，收录典型工程实例 6 个。

针对制药厂高洁净度的要求，总结了 6 项关键施工技术：

- 地面铺贴施工技术
- 金属壁施工技术
- 吊顶施工技术
- 洁净环境净化空调技术
- 洁净厂房的公用动力设施

● 洁净厂房的其他机电安装关键技术

针对洁净环境的装饰装修、机电安装等功能需求，总结了 4 项专项施工技术：

● 洁净厂房锅炉安装技术

● 洁净厂房污水、有毒液体处理净化技术

● 洁净厂房超精地坪施工技术

● 制药厂防水、防潮技术

7.《污水处理厂工程建造关键施工技术》

节能减排是当今世界发展的潮流，也是我国国家战略的重要组成部分，随着城市污水排放总量逐年增多，污水处理厂也越来越多。该分册集成了中建集团及其所属企业完成的污水处理厂的施工技术，提炼总结了针对污水处理厂的 13 项关键施工技术、4 项专项施工技术。同时，形成国家级工法 3 项、省部级工法 8 项，申请国家专利 14 项，发表论文 30 篇，完成著作 2 部，QC 成果获国家建设工程优秀质量管理小组 2 项，形成企业标准 1 部、行业规范 1 部，收录典型工程实例 6 个。

针对不同污水处理工艺和设备，总结了 13 项关键施工技术：

● 超大面积、超薄无粘结预应力混凝土施工技术

● 异形沉井施工技术

● 环形池壁无粘结预应力混凝土施工技术

● 超高独立式无粘结预应力池壁模板及支撑系统施工技术

● 顶管施工技术

● 污水环境下混凝土防腐施工技术

● 超长超高剪力墙钢筋保护层厚度控制技术

● 封闭空间内大方量梯形截面素混凝土二次浇筑施工技术

● 有水管道新旧钢管接驳施工技术

● 乙丙共聚蜂窝式斜管在沉淀池中的应用技术

● 滤池内滤板模板及曝气头的安装技术

● 水工构筑物橡胶止水带引发缝施工技术

● 卵形消化池综合施工技术

为了满足污水处理厂反应池的结构要求，总结了 4 项专项施工技术：

● 大型露天水池施工技术

● 设备安装技术

● 管道安装技术

● 防水防腐涂料施工技术

8.《居住建筑工程建造关键施工技术》

在现代社会的城市建设中，居住建筑是占比最大的建筑类型，近年来，全国城乡住宅每年竣工面积达到 12 亿～14 亿 m^2，投资额接近万亿元，约占全社会固定资产投资的 20％。该分册集成了中建集团及其所属企业完成的居住建筑的施工技术，提炼总结了居住建筑的 13 项关键施工技术、10 项专项施工技术。同时，形成国家级工法 8 项、省部级工法 23 项；申请国家专利 38 项，其中发明专利 3 项；发表论文 16 篇；收录典型工程实例 7 个。

针对居住建筑的分部分项工程，总结了 13 项关键施工技术：

● SI 住宅配筋清水混凝土砌块砌体施工技术

● SI 住宅干式内装系统墙体管线分离施工技术

● 装配整体式约束浆锚剪力墙结构住宅节点连接施工技术

● 装配式环筋扣合锚接混凝土剪力墙结构体系施工技术

● 地源热泵施工技术

● 顶棚供暖制冷施工技术

● 置换式新风系统施工技术

● 智能家居系统

● 预制保温外墙免支模一体化技术

● CL 保温一体化与铝模板相结合施工技术

● 基于铝模板爬架体系外立面快速建造施工技术

● 强弱电箱预制混凝土配块施工技术

●居住建筑各功能空间的主要施工技术

10项专项施工技术包括：

●结构基础质量通病防治

●混凝土结构质量通病防治

●钢结构质量通病防治

●砖砌体质量通病防治

●模板工程质量通病防治

●屋面质量通病防治

●防水质量通病防治

●装饰装修质量通病防治

●幕墙质量通病防治

●建筑外墙外保温质量通病防治

9.《建筑工程装饰装修关键施工技术》

随着国民消费需求的不断升级和分化，我国的酒店业正在向着更加多元的方向发展，酒店也从最初的满足住宿功能阶段发展到综合提升用户体验的阶段。该分册集成了中建集团及其所属企业完成的高档酒店装饰装修的施工技术，提炼总结了建筑工程装饰装修的7项关键施工技术、7项专项施工技术。同时，形成工法23项；申请国家专利15项，其中发明专利2项；发表论文9篇；收录典型工程实例14个。

针对不同装饰部位及工艺的特点，总结了7项关键施工技术：

●多层木造型艺术墙施工技术

●钢结构玻璃罩扣幻光穹顶施工技术

●整体异形（透光）人造石施工技术

●垂直水幕系统施工技术

●高层井道系统轻钢龙骨石膏板隔墙施工技术

●锈面钢板施工技术

●隔振地台施工技术

为了提升住户体验，总结了 7 项专项施工技术：

- 地面工程施工技术
- 吊顶工程施工技术
- 轻质隔墙工程施工技术
- 涂饰工程施工技术
- 裱糊与软包工程施工技术
- 细部工程施工技术
- 隔声降噪施工关键技术

10.《城市综合管廊工程建造关键施工技术》

为了提高城市综合承载力，解决城市交通拥堵问题，同时方便电力、通信、燃气、供排水等市政设施的维护和检修，城市综合管廊越来越多。该分册集成了中建集团及其所属企业完成的城市综合管廊的施工技术，提炼总结了 10 项关键施工技术、10 项专项施工技术，收录典型工程实例 8 个。

针对城市综合管廊不同的施工方式，总结了 10 项关键施工技术：

- 模架滑移施工技术
- 分离式模板台车技术
- 节段预制拼装技术
- 分块预制装配技术
- 叠合预制装配技术
- 综合管廊盾构过节点井施工技术
- 预制顶推管廊施工技术
- 哈芬槽预埋施工技术
- 受限空间管道快速安装技术
- 预拌流态填筑料施工技术

10 项专项施工技术包括：

- U 形盾构施工技术
- 两墙合一的预制装配技术

- 大节段预制装配技术
- 装配式钢制管廊施工技术
- 竹缠绕管廊施工技术
- 喷涂速凝橡胶沥青防水涂料施工技术
- 火灾自动报警系统安装技术
- 智慧线＋机器人自动巡检系统施工技术
- 半预制装配技术
- 内部分舱结构施工技术

四、感谢与期望

该项科技研发项目针对十大类工程形成的系列集成技术，是中建集团多年来经验和优势的体现，在一定程度上展示了中建集团的综合技术实力和管理水平。

不忘初心，牢记使命。希望通过本套丛书的出版发行，一方面可帮助企业减轻投标文件及实施性技术文件的编制工作量，提升效率；另一方面为企业生产专业化、管理标准化提供技术支撑，进而逐步改变施工企业之间技术发展不均衡的局面，促进我国建筑业高质量发展。

在此，非常感谢奉献自己研究成果，并付出巨大努力的相关单位和广大技术人员，同时要感谢在系列集成技术研究成果基础上，为编撰本套丛书提供支持和帮助的行业专家。我们愿意与各位行业同仁一起，持续探索，为中国建筑业的发展贡献微薄之力。

考虑到本项目研究涉及面广，研究时间持续较长，研究人员变化较大，研究水平也存在较大差异，我们在出版前期尽管做了许多完善凝练的工作，但还是存在许多不尽如意之处，诚请业内专家斧正，我们不胜感激。

编委会

北京　2023 年

前　言

随着人民生活水平的提高，对药品及其质量的需求日益提高，制药厂的建设力度也逐渐加大，为了促进制药工业的发展，适应国民经济建设的需要，通过总结已有制药厂建筑工程经验，特编写本书。

在制药厂的建设过程中，对空气洁净的控制是建造过程的一个核心控制因素。洁净室的建筑专业工程主要包含除主体结构和外门窗之外的地面与楼面装饰工程、抹灰工程、门窗工程、吊顶工程、隔断工程、涂料工程、刷浆工程、缝隙及各种管线、照明灯具、净化空调设备、工艺设备等与建筑的结合部位缝隙的密封作业。洁净室的建造过程中，需采取相应措施，最大程度地减轻洁净室的初期负荷，尽早达到洁净室的性能要求。

本书主要研究并总结制药厂的建造技术，针对制药厂的生产工艺特点和施工重点、难点，将制药厂的关键建造技术进行总结，分别提供具体技术方案及工程实例，力求技术数据准确，图文并茂、可操作性强，以我国建筑工业基层单位与现场工作人员为服务对象，可给予同类工程全方位的技术指导。

目　录

1 概　　述

改革开放以来，我国经济稳步发展，综合国力迅速增强。与世界接轨的同时，国内各行业都发生了深远的变化，医药行业及配套产业变化同样明显。随着人民生活水平的提高，人民群众对药品及其质量的需求日益提高，国际上一些大的医药集团通过投资建厂的方式进入了中国医药市场，如辉瑞、赛诺菲、葛兰素史克、强生等公司。他们的进入带来了更多、更适用、更好用的药品，同时，也对国内制药企业的管理理念形成了一定的冲击，其药厂设计、建造、维护管理全过程均遵循《药品生产质量管理规范》（Good Manufacturing Practice of Medical Products）进行管理，对我国整个医药产业管理水平的提升提供了有益的帮助。

我国通过引进国际通用的GMP药品质量管理理念，消化吸收并陆续颁布了一系列的法律法规，对药品生产从源头上开始监控，一直到成品出厂再到用户手中。这一全过程、全系统、全方位、无死角的监控手段，使药品更安全、更可靠，保障了广大人民群众的药品使用安全。

1.1 GMP概要

GMP是英文Good Manufacturing Practice的缩写，中文的意思是“良好作业规范”或“优良制造标准”，是一种特别注重在生产过程中实施对产品质量与卫生安全的自主性管理制度，是从负责指导药品生产质量控制的人员和生产操作者的素质到生产厂房、设施、建筑、设备、仓储、生产过程、质量管理、工艺卫生、包装材料与标签，直至成品的储存与销售的一整套保证药品质量的管理体系。GMP是一套适用于制药、食品等行业的强制性标准，要求企业从原料、人员、设施设备、生产过程、包装运输、质量控制等方面按国家有关法规达到卫生质量要求，形成一套可操作的作业规范，帮助企业改善企业卫生环境，及时发现生产过程中存在的问题，加以改善。GMP 的目的是防止药品生产中的混批、混杂、污染和交叉污染，以确保药品的质量。

1.2 制药厂施工技术简介

药品生产企业实施 GMP，是一项专业的系统工程。根据 GMP 精神，药品的质量不是靠最后的药品检验检测出来的，而是确确实实生产出来的，所以 GMP 着眼于生产的全过程，从管结果变为管要素。在构成药品生产全过程的诸方面因素中，空气洁净技术是一个重要组成部分。空气洁净技术并不是实施 GMP 的唯一决定因素，而是一个必要条件。

1.3 制药厂成套技术研究内容

制药厂的核心是生产工艺，生产工艺实行 GMP 管理体系，这要求对生产过程的各个要素进行全方位管理，空气洁净是 GMP 的一个重要因素。GMP 所应用的空气洁净技术，由处理空气的空调净化设备、输送空气的管路系统和用来进行生产的洁净环境（洁净室）三大部分构成。

本书主要研究制药厂的建造过程，空气洁净控制是建造过程的一个核心控制因素。

洁净室的建筑专业工程主要包含除主体结构和外门窗之外的地面与楼面装饰工程、抹灰工程、门窗工程、吊顶工程、隔断工程、涂料工程、刷浆工程、缝隙及各种管线、照明灯具、净化空调设备、工艺设备等与建筑结合部位缝隙的密封作业。

洁净室的建造过程中，需根据规范、设计要求，采取相应措施，最大程度地减轻洁净室的初期负荷，尽早达到洁净室的性能要求。

洁净施工的基本原则是材料不产尘，结构不积尘，密封严密不透尘。

本书主要从以下几个方面进行集成研究：

（1）洁净室（厂房）的施工与管理：洁净室的主要施工程序；洁净室的施工管理要点。

（2）洁净室（厂房）的建筑装饰施工技术：洁净室的建筑材料；洁净室的建筑装饰施工。

（3）洁净室（厂房）的机电安装施工技术：净化空调系统的施工安装；洁净室的低压配电及照明。

（4）洁净室（厂房）的竣工验收：洁净室的检测和验收调试。

（5）洁净室（厂房）的工程图片集。

2 功能形态特征研究

2.1 制药厂建筑的分类及功能

制药厂是指生产抗生素、化学合成药、生物化学药、植物化学药等原料药和各种药物制剂或中药的工厂。

制药厂按其功能主要可分为六种：

（1）抗生素厂。这种制药厂非常重视菌种选育，采用发酵技术生产所需要的抗生素，然后采用高效而经济的分离提纯工艺制取成品。除提供商品原料药外，也可自行分装生产抗生素粉针剂以及水针剂、片剂、胶囊剂等；一般还配有淀粉和葡萄糖车间，以提供价格便宜、质量好的培养基原料；有些大厂配有所需溶剂和离子交换树脂的生产车间。抗生素厂的发酵罐容量，一般为100～130m^3，最大的为300m^3，并由电子计算机集中控制生产。我国抗生素厂的发酵罐容量一般为50～60m^3，最大的为100m^3。压缩空气的灭菌采用新工艺，发酵培养基的消毒趋向采用连续、高效、节能的设备。

（2）化学合成药厂。生产时一般采用搪玻璃反应罐，大型的容量为3～5m^3，中型的容量为1～2m^3，小型的容量为0.1～0.5m^3。常用的配套设备有常压或高真空蒸馏装置、离心机、压滤机，此外还有高压反应釜、固定床或流化床、气相反应装置、液相催化反应装置以及离子交换柱等。

（3）制剂厂。按生物药剂学和物理药剂学原理，在化学原料药中加入适当的制剂辅料，加工制成各种剂型的药品。有的也生产植物化学药或化学合成药，自产自用。

（4）生物化学制药厂。我国的生物化学制药厂绝大多数附属于肉类联合加工厂，作为一个综合利用牲畜脏器生产药品的车间，经济合理地利用其新鲜脏器资源，提取出特定的有效成分，并制成合适的药物制剂。除了一般的针剂、糖衣片、胶囊、糖浆等剂型外，对一些在水溶液中稳定性差的物质，常采用冷冻干燥设备制成冻干粉针剂。

（5）副产药品的工厂。例如，糖厂利用其废糖蜜发酵生产干酵母，或进一步加工生产核苷酸类药品。

（6）中药厂。中药厂的生产从中药材开始，按照中医理论和传统工艺，加工炮制，生产可以直接服用的传统中成药，或现代剂型的针剂、片剂、冲剂、颗粒剂、栓剂、气雾剂等。中药厂的原料属农副业产品，大多是一年一收，体积大，易发霉变质，其产品特别是蜜丸、膏剂也易腐败变质或生虫、长螨。因此，中药厂十分重视原料、产品储存中的防霉、防虫工作。近年来，由于采用了现代化的生产设备，如密闭粉碎机、高效提取设备、膜式蒸发器、喷雾干燥器以及程控包衣机等，生产条件大大改善，工作效率、产品质量和生产能力大大提高。

2.2 制药厂建筑的特点

2.2.1 制药厂建筑厂址的选择

GMP 规定，医药工业洁净厂房与市政交通干道之间的距离不宜小于 50m。选择厂址时，应考虑环境、供水、能源、交通运输、自然条件、环境保护符合城市发展规划、协作条件等因素。

制剂药厂最好选在大气条件良好、空气污染少、无水土污染的地区，尽量避开热闹市区、化工区、风沙区、铁路和公路等污染较多的地区，使药品生产企业所处环境的空气、场地、水质等符合生产要求。

水在药品生产中是保证药品质量的关键因素，厂址选择时应靠近水量充沛和水质良好的水源。

制药厂生产需要大量的动力和蒸汽。动力由电力提供，蒸汽由燃料产生。

因此，在选择厂址时，应考虑建在电力供应充足和邻近燃料供应的地点，有利于满足生产负荷，降低生产成本和提高经济效益。

2.2.2 制药厂建筑平面布局的原则

制药厂建筑平面布局应满足的原则有以下几个方面：

下风原则：洁净区、办公区、生活区应置于该地区主风向的上风处，产生有害气体、粉尘的生产区、辅助生产区应置于下风处。

人流、物流分流原则：工厂的人流、物流进入或离开厂区，或自一个区（车间）到达另一区（车间），在人流、物流非常集中（如上、下班）时会给途经的生产车间造成干扰，因此洁净生产车间区在全厂总图中应置于最上风与最少人流、物流处。

此外还有方便输送、有利生产的原则；物流管线、输变电线路、通信线路等统筹规划原则；因地制宜，结合厂区地形、地貌，并节约用地的原则；考虑工厂的发展，使近期建设与远期发展相结合的原则。

2.2.3 制药厂建筑的其他特点

通常制药厂建筑还具有功能分区多、专业多、层高大、控制要求精度高、房间多等特点。

2.3 制药厂建筑施工难点

制药厂洁净厂房和其他工业厂房的显著区别在于洁净厂房有一定洁净度要求，它除了具有一般工业厂房的建筑特点外，还必须满足洁净厂房的要求。制药业与其他行业洁净厂房的区别在于，制药业洁净厂房以微粒和微生物两者为控制对象，而电子、航天、精密机械等行业洁净厂房只控制微粒。

2.3.1 洁净室的压差控制

《洁净厂房设计规范》GB 50073—2013 规定，洁净区与非洁净区之间的压差不应小于 5Pa，洁净区与室外的压差不应小于 10Pa。无菌制剂作业区内的更衣室和洁净走廊以及具有不同生物洁净等级的无菌操作室，按无菌等级的高低依次相连。彼此相连的房间，按洁净等级应依相差 5Pa 以上压差。压差偏小，无法防止强风时产生缝隙渗透或开关门时产生压差变化；压差过大，开门往往比较困难。比较理想的办法是在保持合理压差的同时采用气闸室，例如青霉素等制剂操作室采取的特殊措施。微量青霉素类抗生素也会引起过敏反应，因此青霉素类制剂与非青霉素类制剂操作室不能共用空调系统，以防止交叉污染。

2.3.2 洁净室施工的洁净控制与环境保护

洁净室的施工应在主体及围墙结构、外门窗安装、屋面防水工程完成并将现场清理完毕、经验收合格后进行。

洁净室的建筑装饰施工除应符合国家现行标准规定外，还应保证各施工连接部位的密封性，减少施工作业的发尘量和保持现场的清洁。施工现场的环境温度不应低于 10℃。所有建筑构件、隔墙、吊顶的固定和吊挂件，应与主体结构相连，不应与设备支架和管线支架交叉混用。改建工程隔墙拆移、打洞、管线穿墙和穿楼板等施工后，应修补牢固，表面进行相应装饰，防止积尘掉灰。

管线隐蔽工程应在管线施工完成并进行试压验收后进行。管线穿墙、穿吊顶处的洞口周围应修补平齐、严密、清洁，并用密封材料嵌缝。隐蔽工程的检修周边也应粘贴密封垫。

洁净室地面垫层下应铺设防水薄膜作为防潮层，接头处用胶带粘牢；混凝土浇筑时分仓线不宜通过洁净室。洁净室建筑装饰施工过程中的应控制发尘量，并随时清扫，特别是对隐蔽空间（如夹层）等尤应引起重视，并做好清扫记录。

已完成的装饰工程的表面应严加保护，不得因撞击、敲打、踩踏、多水作业等造成板材凹陷、暗裂和表面装饰的污染。不得在已安装高效过滤器的房间进行产粉尘的作业。洁净室临时设置的设备入口不用时应封闭，防止尘土、杂物进入。

装配洁净室应在装饰工程完成后再行安装。安装前室内空间必须彻底清洁、无积尘。所有构配件应在洁净环境中开箱启封，开箱后应存放在清洁干燥的环境中，并应平整放置在防潮膜上。装配安装后缝隙须用密封胶密封。

2.3.3 洁净室施工过程中的环境流程

不同施工阶段对应不同环境流程。墙地面施工完毕后，需要进入此区域的人员或物品必须对与地面接触的部位进行防护，清洁人员也必须进行非产尘的清洁。区域设备进一步完善时，逐步进行更衣操作或者开启风淋室，进而实现人员与物料分离。

2.4 制药厂设计特征

2.4.1 制药厂系统特征

制药厂主要由以下系统组成：主要生产车间（制剂生产车间、原料药生产车间），辅助生产车间（机修车间、仪表车间等），仓库（原料、辅料、包装材料、成品库等），动力设施（锅炉房、压缩空气站、变电所、配电房），公用工程（水塔、冷却塔、泵房、消防设施等），环保设施（污水处理、绿化等），全厂性管理设施和生活设施（厂部办公楼、中心化验室、药物研究所、计量站、动物房、食堂、医院等），运输、道路设施（车库、道路等）。

规划设计时应把上述管理系统和生产功能划分为行政区、生活区、生产区、辅助区进行布置。要从整体上把握这四个区的功能，分区布置合理，四个区域既不相互影响，人流、物流分开，又便于联系。

2.4.2 制药厂洁净厂房内部特征

洁净厂房可以分为洁净生产区、洁净辅助区和洁净动力区三个部分。

洁净生产区是洁净厂房的核心部分，产区内布置有各级别洁净室，通常认为经过风淋室或气闸室后便进入了洁净生产区。

洁净辅助区包括人员净化室、物料净化室和生活用房及管道技术夹层。其中人员净化室有洗漱间、更换衣鞋及风淋室，物料净化室有粗净化和精净化两个准备间以及可能的物料通道，生活用房有餐室、休息室、饮水室、杂物和雨具存放室以及洁净厕所等。

洁净动力区包括净化空调机房、纯水站、气体净化站、变电站和真空吸尘泵房等。

3 关键技术研究

3.1 地面铺贴施工技术

地面可在墙板安装前铺设，也可在其后铺设。洁净室墙板安装完成后铺设地面，可避免安装时损坏地面。铺设地面前应对地坪基层进行真空清扫（用吸尘器），切忌用扫帚清扫，大块垃圾和残余结构构件由人工清理。

制药厂地面通常有两种方式，一种是环氧树脂地面，另外一种是聚氯乙烯（PVC）地面。地面的常用施工方法见表 3-1。

地面的常用施工方法　　表 3-1

<table>
<tr><th colspan="2">常用地面</th><th>施工方法</th></tr>
<tr><td colspan="2">水磨石地面</td><td>根据洁净等级要求，选择整体或装配式水磨石地面</td></tr>
<tr><td rowspan="2">涂布型地面</td><td>聚氨酯涂料</td><td>涂料一般使用双组分类型，甲料与乙料混合后涂布反应形成聚氨酯</td></tr>
<tr><td>环氧或聚酯树脂砂浆、胶泥</td><td>采用涂层施工法或自流平施工法或胶泥施工法</td></tr>
<tr><td rowspan="2">粘贴型地面</td><td>聚氯乙烯软板</td><td>拼缝焊接后形成整体</td></tr>
<tr><td>聚氯乙烯半硬质板</td><td>将板材粘贴在水泥砂浆基层上，成为非整体形地面</td></tr>
<tr><td colspan="2">通风地面</td><td>一般采用多孔板，由若干个活动的单元穿孔板（或称格栅板）拼接成，配置以相应的支承结构</td></tr>
</table>

带通风地板的洁净室如图 3-1 所示。通风地板结构简图如图 3-2 所示。

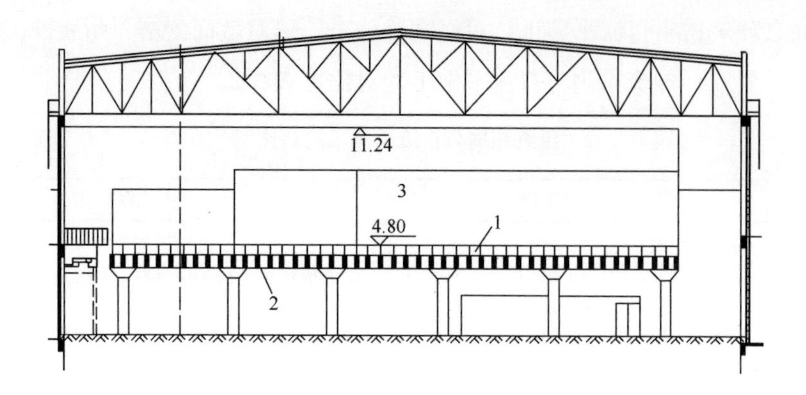

图 3-1 带通风地板的洁净室

1—通风地板；2—混凝土刚性地板（多孔）；3—洁净室

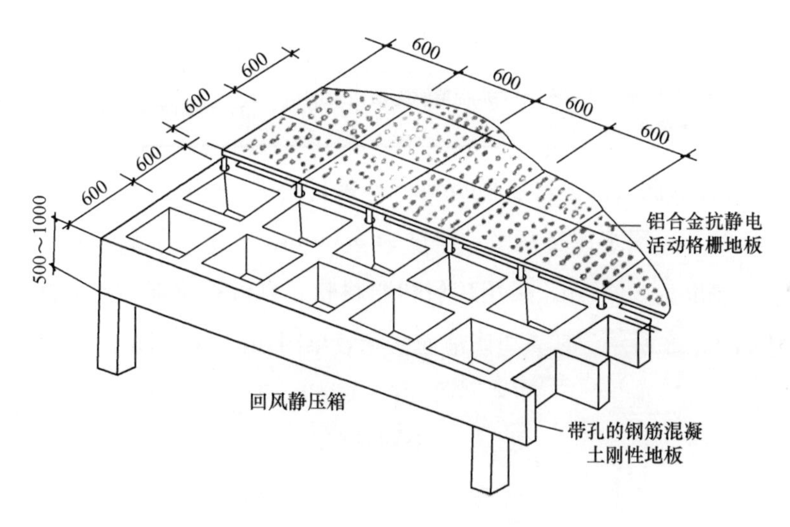

图 3-2 通风地板结构简图

3.1.1 环氧树脂地面技术

环氧树脂自流平地面施工较环氧地板漆涂刷施工，具有流平性好、施工速度快、质量容易保证等特点。

环氧树脂与其他材料具有很强的粘结力，通过加入硬化剂使其分子形成网状结构物，从而在混凝土的表面上形成一层特殊的保护层。

通过环氧树脂自流平施工，可以满足洁净厂房对地面耐磨、耐腐蚀、防静电等相关要求。传统涂刷与自流平施工的对比见表 3-2。

传统涂刷与自流平施工的对比 表 3-2

对比项目	传统涂刷	自流平施工
搅拌	人工配料，人工搅拌，一次搅拌量小，易发生结团、固化的爆聚现象	人工配料，机械搅拌，一次搅拌量较人工搅拌大，且搅拌均匀，不发生爆聚现象
基层	基层修补 24h 后方可施工底层涂漆	基层修补 12h 后可进行底漆施工
底漆	底漆完成 24h 后施工中层漆	底漆完成 12h 可施工中层漆
面层	人工涂刷罩面漆，一次施工面积不大，且无流平性，表面容易留下刮板痕迹或高低不平	罩面漆采用自流平施工，可进行大面积施工，靠自流平找平，一次成活。地面整体性好于人工涂刷施工
养护	养护 7d 方可交付使用	养护 4d 可交付使用
表面	交付使用前打蜡一次，以提高表面光洁度和色彩效果	无须打蜡，色彩艳丽，光洁度好

3.1.1.1 设计示例（水泥自流平 5mm+环氧自流平 2mm）

两遍底油+一遍水泥自流平，厚度为 5.0mm。一遍环氧底油，一遍自流平环氧层，厚度为 2.0mm。采用环氧树脂材料，自流平水泥。环氧树脂地面结构示意如图 3-3 所示。环氧树脂地面实际效果图如图 3-4 所示。

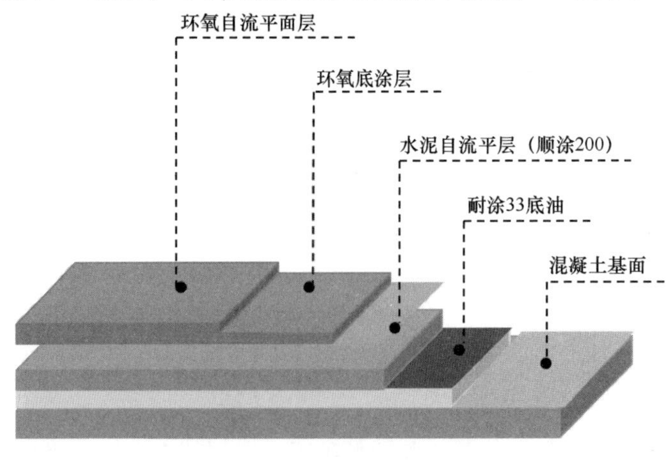

图 3-3 环氧树脂地面结构示意

图 3-4 环氧树脂地面实际效果图

3.1.1.2 施工工艺

施工前期准备：

根据现场情况，确定施工区域和施工时间，分层、分次地施工。将施工区域用警戒线围挡，实行封闭式施工，以减少噪声、灰尘及确保施工安全。封闭通往施工区域的通道，张贴醒目的临时禁止通行标志。

基面处理：

清扫地坪面垃圾。用打磨机将地面有序地进行打磨，将表面所积脏物打磨掉，直至露出新鲜基面为准，刨除不稳固的损坏基面。用扫把和吸尘器将地面清理干净后，修补地面基层缺陷。

施工工具：

打磨机、刮刀、工业吸尘器、清洁工具、搅拌机、辊筒、刮刀、毛刷、拌料桶、磅秤、美纹纸等。

工艺流程如图 3-5 所示。

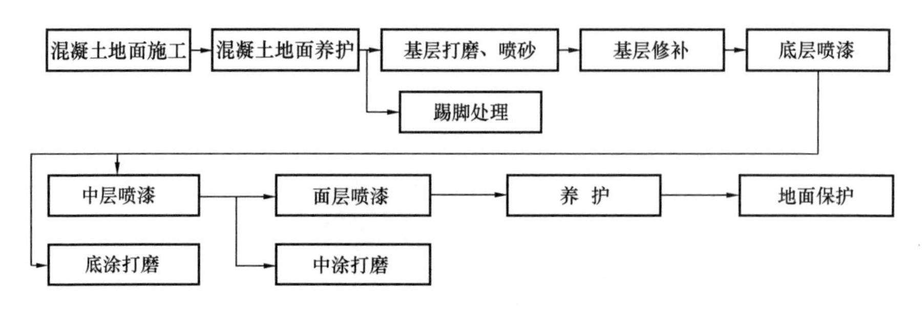

图 3-5 环氧树脂地面工艺流程图

地面处理：

用机械研磨机配适当的打磨片对地坪进行整体打磨，除去油漆、胶水等残留物及凸起和疏松的砂浆块、空鼓的砂浆块，用工业吸尘器对地坪进行吸尘清洁。基层的混凝土强度不低于 C25。基层的平整度在 2m 直尺范围内高低落差应小于 3mm。基面没有空鼓，脱砂等情况。

地面修补：

对坑洼、脱皮的地面进行修补，使用自流平水泥。

自流平水泥打底：

先使用多用途界面处理剂（底油）进行封闭打底（两遍）。界面处理剂施工应均匀，无明显积液。待界面处理剂表面风干后，即可进行下一步自流平施工。

自流平水泥搅拌：

将自流平水泥按照规定的水灰比倒入盛有清水的搅拌桶中，边倾倒边搅拌。为确保自流平搅拌均匀，须使用大功率、低转速的电钻配专用搅拌器进行搅拌。搅拌至无结块的均匀浆液（约 3min)，将其静置熟化约 3min，再短暂搅拌一次。加水量应严格按照水灰比（参照相应自流平水泥说明书）。水量过少会影响流动性，过多则会降低固化后的强度。

自流平水泥施工：

将搅拌好的自流平浆料倾倒在施工的地坪上，浆料将自行流动并找平地面，设计厚度 5mm，借助专用的齿刮板稍加批刮。随后，施工人员应穿上专用的钉鞋，进入施工地面，用专用的自流平放气滚筒在自流平表面轻轻滚动，将搅拌中混入的空气放出，避免气泡麻面及接口高差。

施工完毕后请立即封闭现场，24h 内禁止行走。自流平水泥施工完成 7d 后，打磨地面，露出新鲜基面为准。用扫把清扫干净后，使用吸尘器把基面的灰尘彻底清除干净。施工期间管制人员出入。检查基面含水率，不应大于 6％。

环氧树脂底涂施工：

环氧树脂底涂的作用是，清理基面灰尘，封闭基层，增加粘结力。用吸尘器吸将灰尘清理干净。按比例将环氧树脂底涂材料充分搅拌均匀，并及时运送至施工地点，用刮刀或滚筒将搅拌好的材料，用后退法施工均匀地刮涂在基面上。

自流平面层施工：

自流平面层增加表面美观度与耐磨度，密封面层。依比例将主剂及固化剂充分搅拌均匀，运送至施工区域内并倒在地面上，用带齿刮刀将材料均匀推开，材料会自动流平。随后，施工人员应穿上专用的钉鞋，进入施工地面，用专用的自流平放气滚筒在自流平表面轻轻滚动，将搅拌中混入的空气放出，避免气泡麻面及接口高差。施工期间及干燥时间内管制人员出入，养护时间 12h（温度≥25℃）。

踢脚线：

环氧踢脚线高度约为 100mm。清除龙骨上的灰尘，画好踢脚线的水平高度，按画好的高度在龙骨阴角处涂刮环氧底涂，干燥后在阴角处堆积按比例搅拌好的环氧砂浆。使用专用的弧形踢脚刮刀，刮平阴角处堆积的环氧砂浆。待 8h 干燥后，涂刷环氧面涂材料。用密缝胶（硅硐）进行封边。

3.1.2 PVC 地面技术

3.1.2.1 设计示例（水泥自流平 5mm+2mm PVC 地板）

两遍底油+一遍水泥自流平，厚度为 5.0mm。一遍胶水，PVC 卷材厚度为 2.0mm。采用自流平水泥。PVC 地面结构示意图如图 3-6 所示。PVC 地面实际效果图如图 3-7 所示。

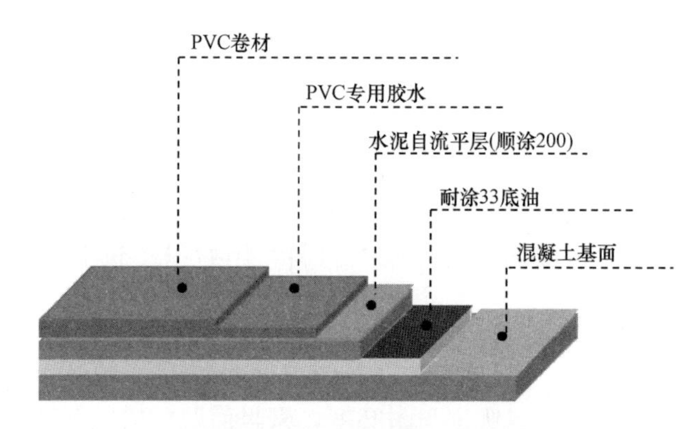

图 3-6　PVC 地面结构示意图

图 3-7　PVC 地面实际效果图

3.1.2.2 施工工艺

施工前期准备：

根据现场情况，确定施工区域和施工时间，分层、分次地施工。将施工区域用警戒线围挡，实行封闭式施工，以减少噪声、灰尘及确保施工安全。封闭通往施工区域的通道，张贴醒目的临时禁止通行标志。

基面处理：

清扫地坪面垃圾。用打磨机将地面有序地进行打磨，将表面所积脏物打磨掉，直至露出新鲜基面为准，刨除不稳固的损坏基面。用扫把和吸尘器将地面清理干净后，修补地面基层缺陷。

施工工具：

打磨机、刮刀、工业吸尘器、清洁工具、搅拌机、辊筒、刮刀、毛刷、拌料桶、磅秤、美纹纸等。

工艺流程：

机械研磨处理、清洁、吸尘→修补基层缺陷→基层封闭底油两遍→自流平水泥施工（镘刀、消气滚筒）→干燥→打磨→清洁、吸尘→PVC专用胶水施工（刮刀）→PVC卷材施工→干燥→保护。

地面处理：

用机械研磨机配适当的打磨片对地坪进行整体打磨，除去油漆、胶水等残留物、凸起和疏松的砂浆块、空鼓的砂浆块，用工业吸尘器对地坪进行吸尘清洁。

地面修补：

对坑洼、脱皮的地面进行修补，使用自流平水泥。

自流平水泥打底：

先使用多用途界面处理剂（底油）进行封闭打底（两遍）。界面处理剂施工应均匀，无明显积液。待界面处理剂表面风干后，即可进行下一步自流平施工。

自流平水泥搅拌：

将自流平水泥按照规定的水灰比倒入盛有清水的搅拌桶中，边倾倒边搅拌。为确保自流平搅拌均匀，须使用大功率、低转速的电钻配专用搅拌器进行搅拌。搅拌至无结块的均匀浆液（约 3min），将其静置熟化约 3min，再短暂搅拌一次。加水量应严格按照水灰比（参照相应自流平水泥说明书）。水量过少会影响流动性，过多则会降低固化后的强度。

自流平水泥施工：

将搅拌好的自流平浆料倾倒在施工的地坪上，浆料将自行流动并找平地面，设计厚度 5mm，借助专用的齿刮板稍加批刮。随后，施工人员应穿上专用的钉鞋，进入施工地面，用专用的自流平放气滚筒在自流平表面轻轻滚动，将搅拌中混入的空气放出，避免气泡麻面及接口高差。

施工完毕后请立即封闭现场，24h 内禁止行走。自流平水泥施工完成 7d 后，打磨地面。用扫把清扫干净后，使用吸尘器把基面的灰尘彻底清除干净。施工期间管制人员出入。

使用含水率测试仪检测基层的含水率，基层的含水率不应大于 6% 。对于 PVC 地板材料的施工，基层的平整度在 2m 直尺范围内高低落差应小于 3mm。

铺设工具：

地板修边器、割刀、两米钢尺、胶水刮板、钢压辊、开槽机、焊枪、月形割刀、焊条修平器、组合划线器。

PVC 地板预铺及裁割：

无论是卷材还是片材，都应于现场放置 24h 以上，使材料记忆性还原，温度与施工现场一致。使用专用的修边器对卷材的毛边进行切割清理。卷材铺设时，两块材料的搭接处应采用重叠切割，一般是要求重叠 3cm。注意保持一刀割断。

PVC 地板粘贴：

卷材铺粘时，将卷材的一端卷折起来。先清扫地坪和卷材背面，然后刮胶于基面之上。片材铺粘时，将片材从中间向两边翻起，同样将地面及地板背面清洁后上胶粘贴。

PVC 地板排气、滚压：

地板粘贴后，先用软木块推压地板表面挤出空气。随后用 50kg 或 75kg 的钢压辊均匀滚压地板并及时修整拼接处的翘边。地板表面多余的胶水应及时擦去。24h 后，再进行开槽和焊缝。

PVC 地板开槽：

开槽必须在胶水完全固化后进行。使用专用的开槽器沿接缝处进行开槽，为使焊接牢固，开槽不应透底，建议开槽深度为地板厚度的 2/3。在开槽器无法开刀的末端部位，使用手动开槽器以同样的深度和宽度开槽。焊缝之前，须清除槽内残留的灰尘和碎料。

PVC 地板焊缝：

选用手工焊枪或自动焊接设备进行焊接。焊枪的温度应设置于 350℃左右。以适当的焊接速度，匀速地将焊条挤压入开好的槽中。在焊条半冷却时，用焊条修平器或月形割刀将焊条高于地板平面的部分割去。当焊条完全冷却后，再使用焊条修平器或月形割刀把焊条余下的凸起部分割去。无缝深度焊接，深度为 1.2～1.5mm，确保接缝处不会出现脱胶、开裂、翘角等现象。

踢脚线：

PVC 铺设返墙高度约 100mm。清除龙骨上的灰尘，在龙骨阴角处涂刮 PVC 粘结专用胶，然后贴阴角背衬。在龙骨阴角处涂刮 PVC 粘结专用胶，把返墙的 PVC 踢脚粘结在龙骨上。待 8h 后，画好踢脚线的水平高度，切除多余的 PVC。用密缝胶（硅硐）进行封边。局部踢脚及地面圆角施工照片如图 3-8 所示。

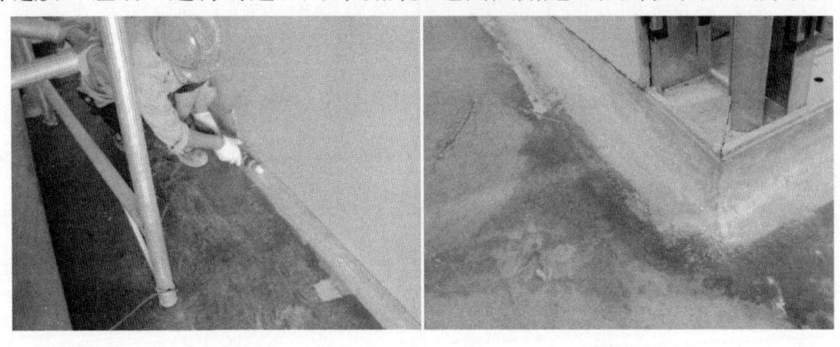

图 3-8　局部踢脚及地面圆角施工照片

3.2 金属壁施工技术

金属壁/顶板是以石膏、岩棉等为填充芯材，以彩色钢板为板面的壁板材料。根据洁净室设计详图在工厂分块加工、现场拼装，通过铆钉与密封胶将各部件气密连接，使壁板、顶棚、地面成为一整体，从而满足洁净室的气密要求。

3.2.1 彩钢板施工工艺流程

彩钢板施工工艺流程如图 3-9 所示。

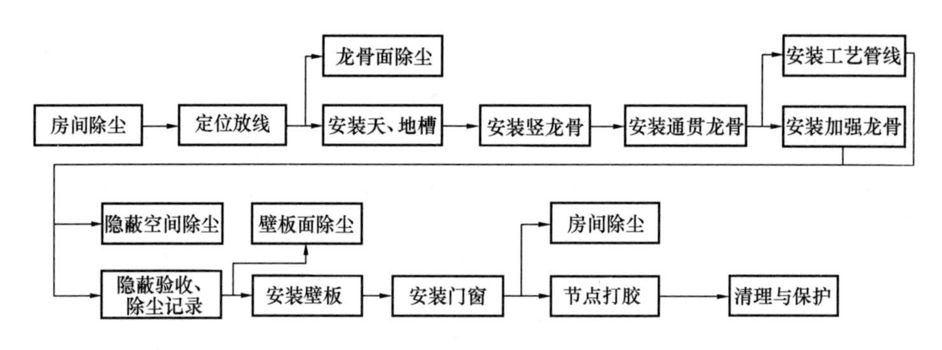

图 3-9 彩钢板施工工艺流程

彩钢板安装前，土建装修应结束，技术夹层水、电、空调主要管线、部分支管已完成，并经试压、堵漏，主要电缆、接地工程已敷设。也就是说，吊顶内除少量与设备接续的安装工程外，均应基本结束。吊平顶施工后，不应继续有较多的吊顶内的安装工作。

彩钢石膏复合板的安装，需在粗装饰工程完成后的室内进行。室内空间必须清洁、无积尘，并在施工安装过程中对零部件和场地随时进行清扫、擦拭。地面面层必须平整，其不平整度不应大于 0.1%。在做卷材面层或涂料面层时应考虑与垂直壁板交接处的密封。彩钢石膏复合板安装前要求严格放样，墙角线应垂直交接，防止累积误差造成彩钢板倾斜扭曲，彩钢板的垂直度允许偏差不应大于 0.2%。

施工安装时，首先进行吊挂、锚固件等与主体结构和楼面、地面的连接件的固定。安装过程中，不得撕下彩钢板表面的塑料保护膜，以防止撞击和踩踏板面。应保护已完成的装饰工程表面，不得因撞击、敲打、踩踏、多水作业等造成板材凹陷、暗裂和表面装饰的污染。

构配件和材料的开箱启封应在清洁环境中进行，严格检查其规格性能和完好程度，不合格或已损坏的构配件严禁安装。各种构配件和材料均存放在有围护结构的清洁、干燥的环境中。

彩钢石膏复合板的安装缝隙，必须用密封胶密封。施工现场应保持良好的通风和照明。工艺生产过程中产生的带腐蚀性液体应有安全防护措施。

3.2.2 关键技术

房间及材料除尘：

外围护结构及门窗完成后才能进行壁/顶板墙体施工。在定位放线前，首先对壁/顶板施工区域进行全面、彻底清理，清理地面浮浆及浮尘、窗台等平面积尘，用吸尘器除尘的同时，用潮湿抹布将施工区域擦净。在安装过程中应保持操作面的洁净，随时除尘、擦拭。龙骨、壁/顶板、工具、各种管线、配件等进入施工区域前须进行清理，避免将灰尘带入。

定位放线：

彩钢板安装前的放线工作，应在地（楼）面的水磨石或防腐耐磨涂层完成后进行，并具备安装的其他相关条件，例如较大设备已到位、暗敷地面管线已调整完成。

首先，依据房间定位详图准确放出墙体中心位置线，然后根据天、地槽宽度在顶面、地面弹出天、地槽外边线。此道工序要求弹线位置必须准确、清晰。为掌控工程质量与图面细则，放样时应单挑一组人员，配备精良的仪器设备（进口红外线测距仪、红外线垂直、水平仪）进行制图与放样。如平面图和高程对照与现场尺寸有较大差距，由现场设计人员与业主直接确认，放样垂直与水平全部以中心线为基轴。

工艺管线敷设：

根据设计详图进行各种工艺管线的敷设，管线穿壁板处采用金属密封套，确保穿管牢固，且防止壁板内填料（石膏等）外泄污染空间。

管道穿过围护结构时，需要有良好的固定构造，使用时不得晃动变位，才能保证密封效果。必须将安装定位与密封处理两者有机结合起来，因此金属壁板上所开的每个孔的周边附加定位骨架。大尺寸风管加固应防止前后、左右窜动，在管壁与金属壁板缝隙内垫胶或海绵，再用密封胶处理。

龙骨安装：

先安装天、地槽，沿弹出的位置线用射钉枪固定地槽，用拉铆枪将天槽与吊顶板固定，天、地槽固定点间距为600mm。再安装竖龙骨，竖龙骨间距不应大于600mm，上下两端分别插入天、地槽内，并用拉铆钉与之固定。再安装贯通龙骨，高度低于2.4m的隔墙安装一道，高度2.4～3.2m的隔墙安装两道，高度3.2m以上的隔墙选用横向副龙骨加固。门窗、管道、附墙设备等特殊节点处应安装加强龙骨，确保壁板墙整体稳定。

骨料安装及门框安装：

每道墙第一根竖龙骨必须以红外线照射垂直固定，将横梁扣住另一根竖龙骨进行固定，从而保证现场安装快捷与准确。门框为1.5mm焊接的整体门框，门框双侧竖龙骨必须垂直竖立，再以红外线照射垂直，用自攻螺钉固定门框。骨料及门框完成安装后，依间距70cm安装弹片，弹片横向水平误差不超过5mm，距顶棚及地坪垂直间距不超过150mm。

壁/顶板安装：

壁板拆箱应在洁净区域进行，并认真清理表面灰尘，搬运时应垂直搬运，防止壁板中间受力不均匀而断裂。

壁板上立之前应检视板墙是否变形、掉漆。如无上述情形则应小心抬立壁板用高压吸盘进行立板安装，双面立板间距为2～3mm缝隙，使用2mm铝嵌条进行固定。特别注意，在组立壁板的同时配合好电气安敷管线及箱盒，如图3-10所示。具体在电气配合相关章节详述。

图 3-10 组立壁板的同时配合好电气安敷管线及箱盒

壁板应垂直，立缝要靠紧，缝隙 2～3mm，立缝均匀。在操作时，仔细清理立缝上的保护膜并暂时揭开，千万不要揭除。壁板应竖向铺设安装，两面翻边，长边固定在竖龙骨上，短边固定在另一面壁板翻边上。壁板接缝处采用 M3×12 不锈钢自攻螺钉紧固，螺钉间距不大于 250mm，如图 3-11 所示。

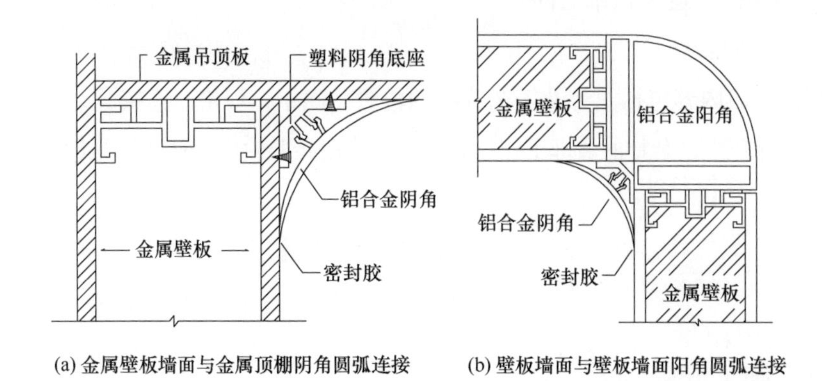

图 3-11 壁板应竖向铺设安装示意图

门窗安装：

门窗均在工厂依据墙体详图预制成型，安装前应先校正门窗龙骨，然后平整地固定在墙体门窗洞口。门扇与门框左右、上部采用Ω形密封条密封，下部与地面用T形橡胶密封条密封。

节点打胶：

在洁净室内，凡是有可能影响洁净度，会有灰尘进入的缝隙，均应涂中性防霉抗菌硅胶进行打胶密封。密封部位如下：彩钢板之间的拼接缝，壁板与壁板、壁板与顶板的所有缝隙；门窗柜传递窗与壁板间的缝隙；电气穿过壁板顶板的保护管槽与洞口边缘间的缝隙；所有开关插座灯具与彩钢板顶板面间的缝隙；所有工艺、给水排水、保护管与洞口的间隙；玻璃与框间的缝隙。

密封硅胶应在彩板安装基本就绪，卫生条件较好，经过彻底清扫除尘后，统一进行。否则，硅胶缝易污染、发黑。硅胶打好后24h内，不应有起灰尘作业及用水冲洗地面等可能影响密封硅胶的固化及牢度的作业。各部位打胶前首先进行清理，操作者须戴白色洁净手套，打胶时胶嘴开口不宜过大，由上而下一气呵成。板缝打胶前将泡沫密封条粘胶嵌入，并事先处理和避让螺钉头的高度尺寸，防止泡沫条反弹起拱。待密封胶干燥后，去除板面、门窗表面的保护膜，同时对房间进行全面清理、除尘。完成的房间建立严格的出入登记制度，加强成品保护，避免污染房间。

隐蔽验收：

隐蔽验收内容包括龙骨及工艺管线的位置、间距、规格、连接等。应特别注意墙体内部灰尘、杂物的清理工作，并将其作为隐蔽验收内容认真填写记录。

3.3 吊顶施工技术

3.3.1 施工流程

吊顶彩板安装→灯具安装→高效送风口及散流器安装→验收。

3.3.2 吊顶彩板安装

制药厂洁净区域吊顶通常采用岩棉彩钢板，颜色同墙板颜色一致，或者采用不锈钢等面层。

吊顶应按房间宽度方向起拱，使吊顶在受荷载后的使用过程中保持平整。吊顶周边应与墙体密封。安装过程中不得撕下彩钢板表面塑料保护膜，以防止撞击和踩踏板面。应保护已完成的装饰工程表面，不得因撞击、敲打、踩踏、多水作业等造成板材凹陷、暗裂和表面装饰的污染。

构配件和材料的开箱启封应在清洁环境中进行，严格检查其规格性能和完好程度，不合格或已损坏的构配件严禁安装。各种构配件和材料均存放在有围护结构的清洁、干燥的环境中。

彩钢石膏复合板的安装缝隙，必须用密封胶密封。施工现场应保持良好的通风和照明。工艺生产过程中产生的带腐蚀性液体应有安全防护措施。

现场放样时为掌控工程质量与图面细则，放样时应单挑一组人员，配备精良的仪器设备（进口红外线测距仪、红外线垂直、水平仪）进行制图与放样。如平面图和高程对照与现场尺寸有较大差距，由现场设计人员与业主直接确认，放样垂直与水平全部以中心线为基轴。

顶板通过周边的立板及主梁固定。长边通过固定插件固定和加固，短边通过中字形铝和连接抽芯铆钉固定。吊平顶力求平整，板缝密实均匀、光洁、无痕、无伤。操作注意事项同立壁板。

天轨、地轨安装时，依放样位置进行中心固定，地轨依火药枪钉或塑料膨胀螺丝间距 120cm 固定，转角及终端距离边 0.2m 为宜。天轨、地轨上下必须呈垂直一线。地轨调平时，首先将水平调整座置于地轨，再将地轨Ⅱ插入地轨Ⅰ，二者必须紧密贴合，用进口红外水平仪对地轨Ⅱ进行调整水平后固定。

3.3.3 灯具安装

实验室照明器具均为净化荧光灯，嵌入式安装。照明配管布线均在吊顶技术夹层内，引入灯具的支线通过分线盒、PE 软管到灯位。

按照灯具的尺寸及图纸确定的安装位置开灯具孔，开孔尺寸比灯具尺寸每边大 6mm。并在切口四边用 C 形彩钢板槽收边固定、密封，收边后开孔尺寸比实际灯具尺寸每边大 4mm。方便灯具安装及缝隙密封。安装洁净嵌入式灯具，灯具底座四周与吊平顶彩钢板贴紧，并涂硅胶密封。安装固定后，灯具与包边缝隙用硅胶密封，并在灯具上方安装镀锌钢板成型保护罩。

3.3.4 高效送风口及散流器安装

按照送风口的尺寸及图纸确定的安装位置开安装孔，开孔尺寸比风口颈尺寸每边大 6mm。并在切口四边用 C 形彩钢板槽收边固定、密封，收边后开孔尺寸比实际风口颈尺寸每边大 4mm。方便风口安装及缝隙密封。由于高效送风口的重量相对较大，因此固定高效送风口时必须采用吊装形式。顶棚开高效送风口洞口并加固如图 3-12 所示。

图 3-12　顶棚开高效送风口洞口并加固

3.3.5 验收

单块吊顶板不平整度≤2mm；整体吊顶板不平整度≤1.5‰；板缝间隙为(2±1) mm；密封胶涂抹要密实、均匀、连续；吊顶板标高的允许偏差为±5mm。完成后的顶棚效果图如图 3-13 所示。

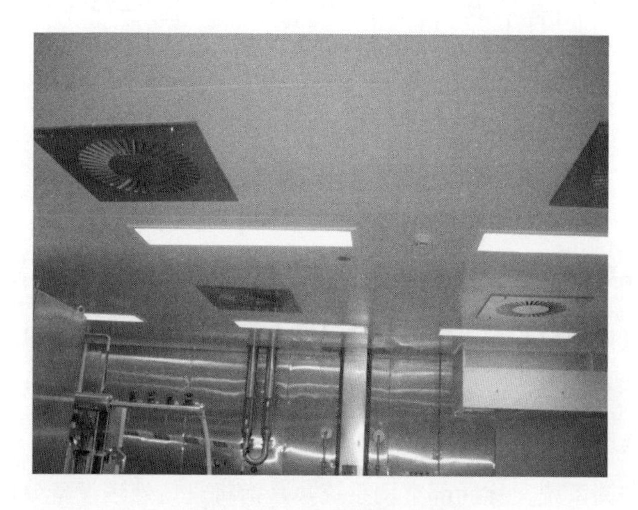

图 3-13 完成后的顶棚效果图

3.4 洁净环境净化空调技术

净化空调系统是在空气调节系统中加入空气净化设施而形成的。

3.4.1 药品生产对净化空调系统的技术要求

对进入洁净室（区）的空气应进行过滤除尘处理，达到生产工艺要求的空气洁净级别。调节进入洁净室（区）的空气温度、相对湿度。

在满足生产工艺条件的前提下，利用循环回风，调节新风比例，合理节省能源，确保并排除洁净室（区）内在生产中产生的余热、余湿和少量的尘粒。

3.4.2 净化空调系统的分类

装配式净化空调箱（机）组装如图 3-14 所示。

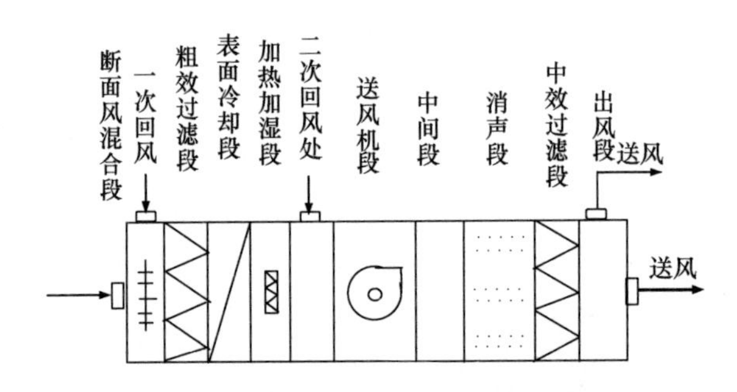

图 3-14 装配式净化空调箱（机）组装

半集中式空调系统，有集中的空调机房的空气处理设备集中处理空气，还有分散的空气处理设备，对被调节房间室内空气就地处理，或对来自集中处理设备的空气补充处理，分散空气处理设备有诱导器系统、风机盘管系统、局部层流等。

分散式空调系统又称局部空调系统，是指将空气处理设备分散在各个被调节的房间内的系统。空调房间使用各自的空调机组，空调机组把空气处理设备、风机以及冷热源都集中在一个箱体内，接上电源，即可对房间空气进行调节，不用单独的空调房和送风管，很紧凑，节省空间。

空调系统按使用的空气来源分类有直流式、封闭式、回风式三种，如图 3-15 所示。

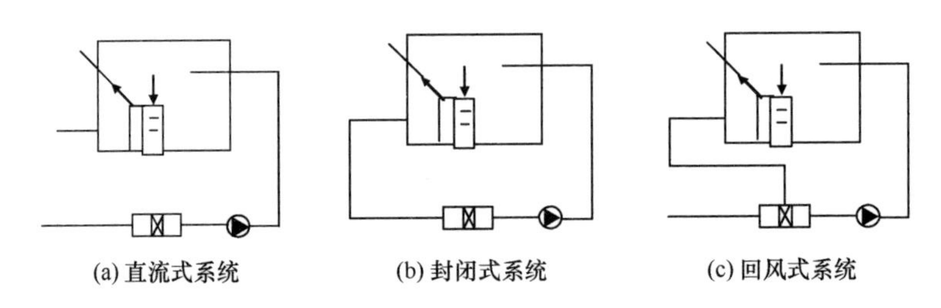

图 3-15 按空气来源分类的空调系统

直流式系统使用的空气全部来自室外，经洁净处理的空气在洁净室（区）去除余热、余湿、尘粒、毒害气体，达到排放标准后全部排出室外。

封闭式系统使用室内再循环的空气。这种系统节能，但缺乏新鲜空气，适用于只需保持空气温度、湿度，无须人操作或甚至少人进入的房间、库房。

回风式系统使用的空气一部分是新风，一部分是室内回风。

制药工业生产规模一般比较大，洁净厂房面积也较大，多选用集中空调。循环回风有利于达到洁净要求，又节省能源，所以设计成回风式的集中空调系统，分为一次回风和二次回风，如图 3-16～图 3-18 所示。

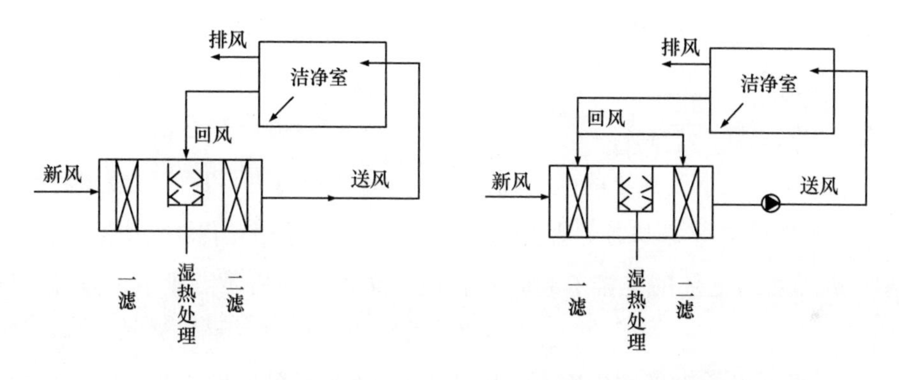

图 3-16　一次回风系统示意图

图 3-17　二次回风系统示意图

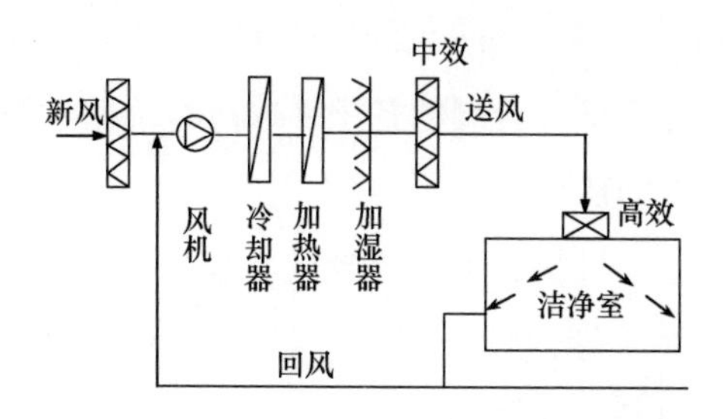

图 3-18　净化空调系统空气处理基本流程图

100 级洁净能耗较大，为节约能源，如果工艺允许，通常设法缩小 100 级范围，能满足 100 级的工艺要求即可，设计成 10000 级背景下局部 100 级。如无菌粉针剂、冻干剂、大输液的灌装及无菌原料药的精、烘、包等生产常用10000级背景下局部100级层流保护的净化空调系统。

3.4.3 净化空调系统的施工安装

净化空调系统的分项工程一般包括风管及附件制作、风管系统安装、消声设备和附件安装、风机安装、空调设备安装、系统检测、高效过滤器安装、局部净化设备安装、风管和设备的绝热保温等。

3.4.3.1 一般规定

净化空调系统的施工安装应按洁净厂房工程的整体施工组织要求、计划进度安排和洁净室特有的施工程序进行，施工安装要求如下：

承担洁净室净化空调系统施工的企业应具有相应的工程施工安装的资质、等级和相应质量管理体系。

洁净室净化空调系统的施工应注意与土建工程施工及其他专业工种相互配合，并按规定做好与各专业工程之间的交接，并相互保护已施工的“成品”，认真办理必要的交接手续并签署记录文件，有的还需业主、监理共同签署。

洁净室净化空调系统的施工安装以及风管及附件的制作、设备和管道等的安装、检查验收、测试等均应符合《洁净室施工及验收规范》GB 50591—2010、《通风与空调工程施工质量验收规范》GB 50243—2016的有关规定。施工安装必须严格按设计图纸和合同的各项要求进行。施工过程中的修改，应得到业主、监理、设计方的认可。

施工过程中所使用的材料、附件或半成品等，必须按规范和设计图纸的有关规定进行验收，并做质量记录。在进行隐蔽工程前，必须经工程监理的验收、认可，并做质量记录。

净化空调系统施工程序如图3-19所示。

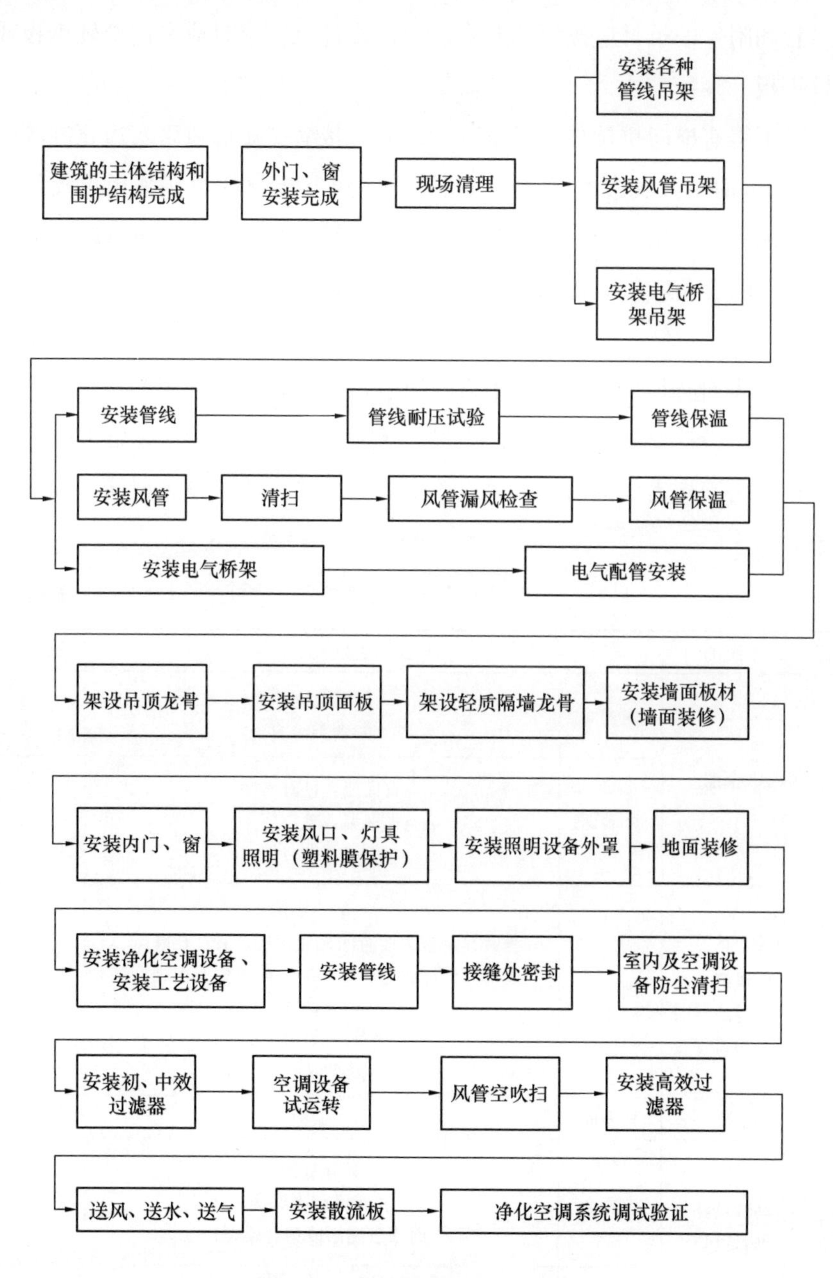

图 3-19 净化空调系统施工程序

3.4.3.2 风管及其附件的制作

风管和附件的板材应按设计要求选用，设计无要求时应采用冷轧钢板或优质镀锌钢板。

风管不得有横向拼接缝，尽量减少纵向拼接缝。矩形风管底边宽度等于或小于 800mm 时，其底边不得有纵向拼接缝。风管板材的拼接采用单咬口；圆形风管的闭合缝采用单咬口，弯管的横向缝采用立咬口；矩形风管转角缝采用转角咬口、联合角咬口或按扣式咬口。上述咬口缝处都必须涂密封胶或贴密封胶带。

风管内表面必须平整光滑，不得在风管内设加固框及加固筋。

风管应按设计要求涂刷涂料。当设计无要求时，可按表 3-3 要求刷涂。刷涂前必须除去钢板表面油污和铁锈，干燥后再刷涂。涂层应无漏涂、起泡、露底现象。

风管刷涂涂料的要求　　表 3-3

风管	系统部门	涂料类别		刷涂遍数
冷轧	全部	内表面	醇酸类底漆 醇酸类磁漆	2 2
		外表面	有保温：铁红底漆 无保温：铁红底漆 磁漆或调合漆	2 1 2
镀锌钢板	回风管，高效过滤器前送风管	内表面	一般不刷涂 当镀锌钢板表面有明显氧化层，有针孔麻点、起皮和镀层脱落等缺陷时，按下列要求刷涂： 磷化底漆 锌黄醇酸类底漆 面漆（磁漆或调合漆等）	 1 2 2
		外表面	不刷涂	
	高效过滤器后送风管	内表面	磷化底漆 锌黄醇酸类底漆 面漆（磁漆或调合漆等）	1 2 2
		外表面	不刷涂	

加工镀锌钢板风管应避免损坏镀锌层，损坏处（如咬口、折边铆接处等）应刷涂优质涂料两遍。

柔性短管应选用柔性好、表面光滑、不产尘、不透气和不产生静电的材料制作（如光面人造革、软橡胶板等），光面向里。接缝应严密、不漏风，其长度一般取 150～250mm。安装完毕后不得有开裂或扭曲现象。

金属风管与法兰连接时，风管翻边应平整并紧贴法兰，宽度应小于 7mm，翻边外裂缝和孔洞应涂密封胶。法兰螺钉孔和铆钉孔间距不应大于 100mm。矩形法兰四角设螺钉孔。螺钉、螺母、垫片和铆钉应镀锌。不得选用空心铆钉。

中效过滤器后的送风管法兰铆钉缝处应涂密封胶，或采取其他密封措施。涂密封胶前应清除表面尘土和油污。

净化空调系统管径大于 500mm 的风管应设清扫孔及风量、风压测定孔，过滤器前后应设测尘、测压孔，孔口安装时应除去尘土和油污，安装后必须将孔口封闭。风管及其部件不得在没有做好墙壁、地面、门窗的房间内制作和存放，制作场所应经常清扫并保持清洁。风管、静压箱和部件必须保持清洁。制作完毕用无腐蚀性洗液将内表面油膜和污物清洗干净，干燥后经检查达到要求即用塑料薄膜及胶带封口，清洗后立即安装的可不封口。

风管清洁工艺流程如图 3-20 所示，清洁后堆放如图 3-21 所示。

3.4.3.3 风管系统安装

（1）风管的类别及要求

风管按其系统的工作压力划分为三个类别（表 3-4），洁净室净化空调系统风管的密封均应按表中高压系统进行。

风管系统的类别划分 **表 3-4**

系统类别	系统工作压力 P（Pa）	密封要求
低压系统	$P \leqslant 500$	接缝和接管连接处严密
中压系统	$500 < P \leqslant 1500$	接缝和接管处增加密封措施
高压系统	$P > 1500$	所有的拼接缝和接管连接处，均应采取密封措施

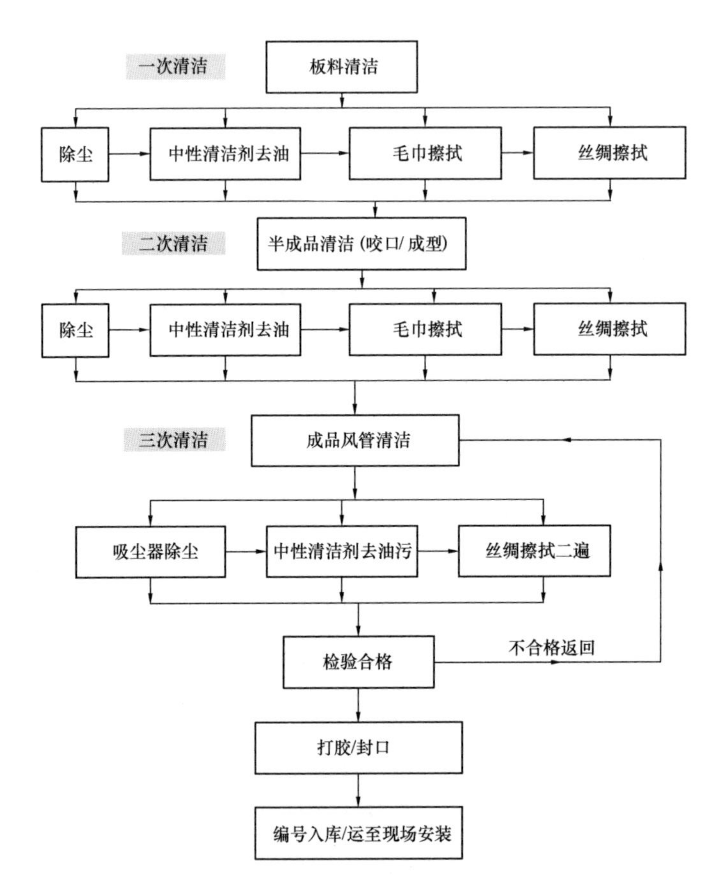

图 3-20 风管清洁工艺流程图

图 3-21 风管清洁合格后按编号堆放整齐

净化空调系统的风管应采用不燃材料，其附件、保温材料、消声材料和胶粘剂等均采用不燃材料或难燃材料。净化空调系统的风管不得有横向拼接缝，尽量减少纵向拼接缝，内表面必须平整、光滑，不得在风管内设加固框及加固筋。净化空调系统的送回风总管、排风系统的吸风总管设消声设施。

（2）安装前的准备及要求

一般送排风系统和一般空调系统的安装，要在建筑物围护结构施工完成，安装部位的障碍物已清理，地面无杂物的条件下进行。净化空调系统风管的安装，应在建筑物内部安装部位的地面、墙面完成，室内无灰尘飞扬或有防尘措施的条件下进行。

风管及附件安装前应进行认真的清洗。净化空调系统风管的清洗是该系统施工全过程中的重要工序，做好风管的清洗可以控制该系统的洁净度，延长高效过滤器的使用寿命。清洗场地要求封闭隔离，无尘土。清洗场地应铺设干净不产尘的地面保护材料（如橡胶板、塑料布等），每天至少清扫擦拭 2～3 次，保持场内干净无尘。清洗场地应建立完善的卫生及管理制度，对进出人员及机具、材料、零部件进行检查，符合洁净要求方可携带入内。

风管的支吊架安装前必须经镀锌处理。风管安装应按设计图纸或大样图进行，并应有施工技术、质量、安全交底。

净化空调系统用风管的漏风量检测非常重要，《通风与空调工程施工质量验收规范》GB 50243—2016 中给出了漏光法检测和漏风量检测两种方法，对于洁净空调系统宜用正压漏风量法检测。

（3）风管及附件的清洗

1）清洗和材料

洁净空调风管清洗工作所使用的清洗剂、溶剂和抹布应符合表 3-5 的要求。

风管清洗用材料 **表 3-5**

材料名称	规格	备注
三氯乙烯	工业纯	

续表

材料名称	规格	备注
乙醇	工业纯	
洗洁精	家用	
活性清洗剂		适用于清洗洁净厂房
绸布		
塑料薄膜	厚 0.1mm	
封箱带	宽 50mm 厚 0.1mm	
纯水		
其他过滤水	无残留杂质、中性	

凡用自来水清洗风管及零部件外表面时，应保持水质清洁无杂质、泥沙。

2）对清洗用具的要求

清洗风管和机具设备应专管专用，不得混作他用，更不得使用清洗风管的容器盛装其他溶剂、油类及污水，并应保持容器的清洁干净。清洗过程中使用的任何物质不得对人体和材质产生危害，并应保证不带尘、不产尘（如掉渣、掉毛、使用后产生残迹等）。

3）作业条件

清洗场地要求封闭隔离，无尘土。清洗场地地面应铺设干净不产尘的地面保护材料（如橡胶板、塑料板等），每天至少清扫擦拭 2～3 次，保持场内干净无尘。清洗场地应建立完善的卫生及管理制度，对进出人员及机具、材料、零部件进行检查，符合洁净要求方可携带入内。清洗、漏光检验场地可使用厂房进行间壁隔离设置，但应符合清洁无尘源的要求和漏光检验时遮光的要求，并便于管理和成品的运输。清洗场地应配备良好的通风设施，保持良好的通风状态，在风管清洗时（包括槽罐内清洗）应具有良好的通风方可施工。

4）作业过程

风管及部件的清洗一般采用以下顺序：

检查涂胶密封是否合格，如不合格应补涂，直至合格。

用半干湿抹布擦拭外表面。

用清洁半干擦布擦拭内表面浮尘。

用三氯乙烯或经稀释的乙醇、活性清洗剂擦拭内表面，去掉所有的油层、油渍。

将擦净的产品进行干燥处理（风干或吹干）。

用白绸布检查内表面清洗质量，白绸布揩擦不留任何灰迹、油渍为清洗合格。

立即将产品两端用塑料薄膜及粘胶带（50mm 宽）进行封闭保护，防止外界不净空气渗入，严禁使用捆扎方法草率了事。

5）成品保护

清洗后合格的产品，两端应用塑料薄膜封闭保护，若工作需要揭开保护膜，操作后应立即恢复密封，非工作需要不得擅自揭开保护膜。保护膜遭破坏应及时修复，保证管内的洁净度，否则应重新清洗，重新密封处理。经检验合格应加检验合格标志，并妥善存放保管，防止混用。存放场地应清扫干净，铺设橡胶板加以保护。

（4）风管及附件的安装

支吊架的安装，应按风管的中心线找出吊杆位置，风管、支吊杆一般采用膨胀螺栓安装形式。

洁净风管连接必须严密不漏；法兰垫料为不产尘、不易老化和具有一定强度、柔性的材料，厚度为 5～8mm，不得采用乳胶海绵。严禁在垫料表面刷涂料。

法兰密封垫应选用弹性好、不透气、不产尘的材料，严禁采用乳胶海绵、泡沫塑料、厚纸板、石棉绳、铅油、麻丝以及油毡纸等含开孔孔隙和易产尘的材料。密封垫厚度根据材料弹性大小决定，一般为 4～6mm，对法兰的密封规格、性能及厚度应相同。严禁在密封垫刷涂涂料。

法兰密封垫应尽量减少接头。接头采用阶梯形或企口形，涂密封胶，如图 3-22所示。密封垫应擦拭干净后，涂胶粘牢在法兰上，不得有隆起或虚脱现象。法兰均匀压紧后，密封垫内侧应与风管内壁相平。

图 3-22　法兰密封垫接头

风管上成对法兰的拧紧力矩要大小一致，安装后不应有松紧不匀的现象。

经清洗密封的风管及附件安装前不得拆卸，安装时打开端口封膜后，随即连接好接头；若中途停顿，应把端口重新封好。风管静压箱安装后内壁必须进行清洁，无浮尘、油污、锈蚀及杂物等。

风阀、消声器等部件安装时必须清除内表面的油污和尘土，风阀的轴和阀体连接处缝隙应有密封措施。阀的各部分（包括外框、活动件、固定件及连接螺钉、螺母、垫片等）表面应进行镀铬、镀锌或喷塑处理，叶片及密封表面应平整、光滑，叶片开启角应有明显标志。

风阀（图 3-23～图 3-26）的规格大小必须按照设计采购并正确安装在设计位置，以免调试不合格。

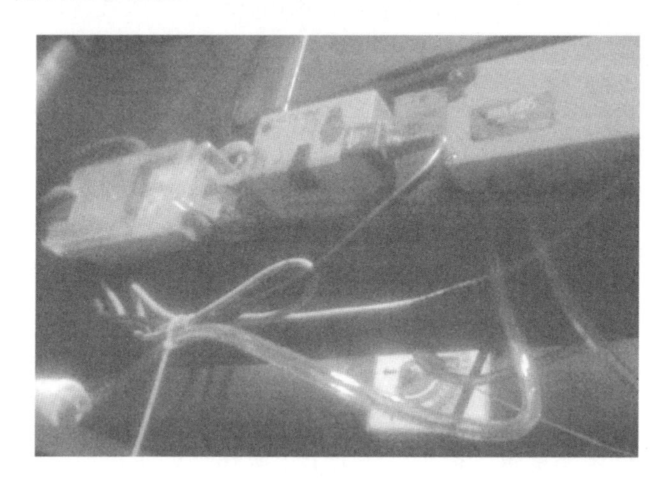

图 3-23　VAV 型变风量阀

图 3-24 TVJ 型定风量阀

图 3-25 RN 型定风量阀

图 3-26 SLC 型密闭阀
（主要用于药厂熏蒸）

支、吊、托架的形式（图 3-27）、规格、位置、间距及固定必须符合设计要求和施工规范的规定，严禁设在风口、阀门及检视门处。不锈钢、铝板风管采用碳素钢支架，必须进行防腐绝缘及隔离处理。

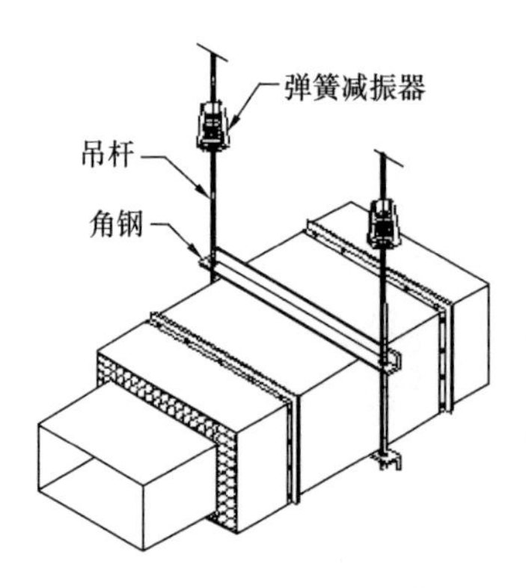

图 3-27　风管吊架

风管与洁净室吊顶、隔墙等围护结构的穿越处应严密，可设密封填料或密封胶，不得漏风或有渗漏现象发生。风管保温层外表面应平整、密封、无振裂和松弛现象。若洁净室内风管有保温要求时，保温层外应做金属保护壳，其外表面应光滑不积尘，便于擦拭，接缝必须密封。

净化空调系统风管安装之后，在保温前应进行漏风检查。当设计对漏风检查和评定标准有具体要求时，应按设计要求进行。无具体要求时，应根据洁净度级别的高低按表 3-6 的规定进行。

漏风检查方法和评定标准　　**表 3-6**

洁净度	风管部位	检查方法	漏风指标
任意级别	送、回风支管	漏光法	无漏光
<1000 级	送、回风管	漏光法	无漏光
100 级～1000 级	送、回风总管和支干管	漏光法	≤2%
≥100 级	送、回风总管和支干管	漏光法	≤1%

洁净空调风管应先做漏光检查再做漏风量检测（图 3-28），检测结果应符合设计要求。擦拭净化空调系统内表面应采用不易掉纤维的材料。保温层外表面应平整、密封、无胀裂和松弛现象。洁净室内的风管有保温要求时，保温层外应做金属保护壳。保护壳的外表面应光滑不积尘，便于擦拭，接缝必须密封。保温施工时不得在风管壁上开孔和上螺钉，不得破坏系统的密封性。风阀和清

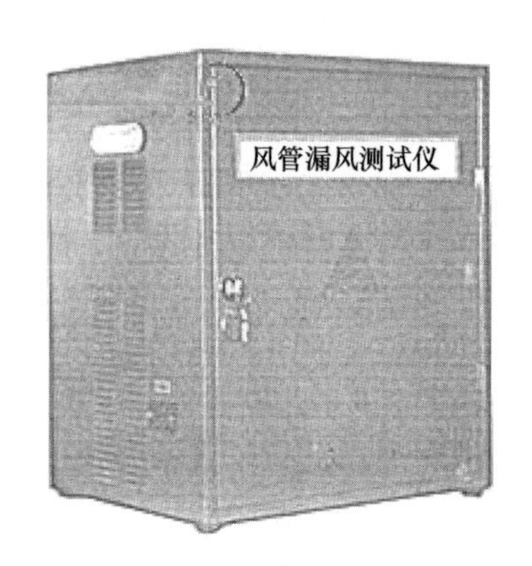

图 3-28　风管漏风测试仪

扫孔的保温措施不应妨碍阀和门的开启。风管与洁净室内设备相连部分应采用不锈钢做保护层（图 3-29）。

图 3-29 风管与洁净室内设备相连部分应采用不锈钢做保护层

高效过滤器送风口尺寸必须符合设计要求。安装前应清洗干净。需在洁净室内安装和更换高效过滤器的送风口、风口翻边和吊顶板之间的裂缝必须封堵严密（图 3-30、图 3-31）。风口表面涂层破损的不可安装。风口安装完毕应随即与风管连接好，开口端用塑料薄膜和胶带密封。

图 3-30 高效箱体风口

图 3-31 安全过滤箱

3.4.3.4 高效过滤器安装

(1) 高效过滤器安装前必须具备的条件和进行的工作

洁净室内的装修、安装工程全部完成，并对洁净室进行全面清扫、擦净。

净化空调系统内部必须全面清洁、擦净，并认真检查，若发现有积尘现象，应再次清扫、擦净，达到清洁要求。

若在技术夹层或吊顶内安装高效过滤器，要求夹层或吊顶内应全面清扫、擦净，达到清洁要求。

高效过滤器的运输和存放应按照生产厂家标志的方向搁置。运输过程中应轻拿轻放，防止剧烈振动和碰撞。

高效过滤器安装前，必须在安装现场拆开包装进行外观检查，内容包括滤纸、密封胶和框架有无损坏；边长、对角线和厚度尺寸是否符合要求；框架有无毛刺和锈斑（金属框）；有无产品合格证，技术性能是否符合设计要求。然后进行检漏。经检查和检漏合格的应立即安装。安装时应根据各台过滤器的阻力大小进行合理调配，对于单向流，同一风口或送风面上的各过滤器之间，每台额定阻力和各台平均阻力相差应小于 5%。

洁净度级等于或高于 100 级洁净室的高效过滤器，安装前应按规定的方法进行检漏，检漏合格后方可安装。

洁净室和净化空调系统达到清洁要求后，净化空调系统必须进行试运转（空吹），连续空吹时间 12～24h 后再次清扫，擦净洁净室，立即安装高效过滤器，如图 3-32～图 3-34 所示。

图 3-32 空调风管系统吹扫（机组及风口均必须装临时 G4 过滤棉）

图 3-33 墙下回/排风口

（2）高效过滤器的安装

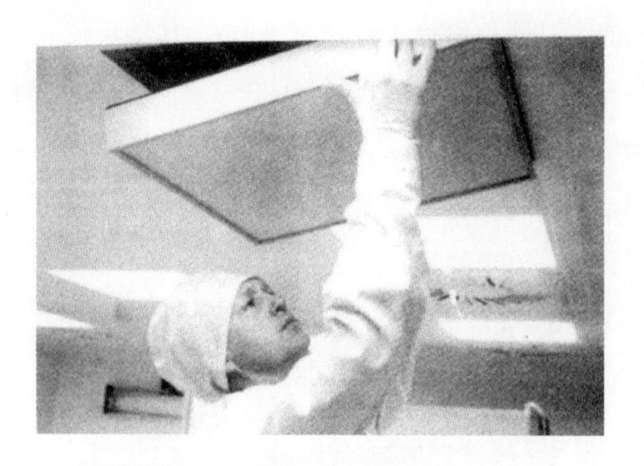

图 3-34 高效空气过滤器的安装

高效过滤器的安装形式有洁净室内安装、吊顶或技术夹层内安装两种（图 3-35）；高效过滤器与框架之间的密封方法有密封垫、负压密封、液槽密封等方法。

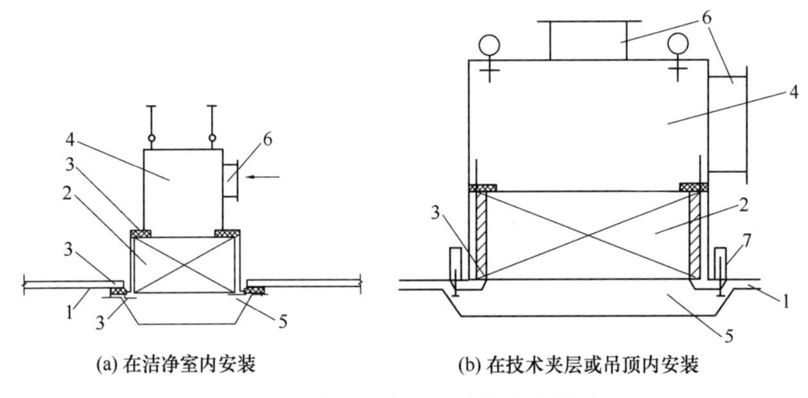

图 3-35　高效空气过滤器的安装详图

1—顶棚；2—高效过滤器；3—密封垫；4—静压箱；5—扩散板；6—连接风管；7—压框

安装过程应根据各台过滤器的阻力大小进行合理配置。高效过滤器安装时，外框上箭头和气流方向一致，滤纸折痕缝应垂直于地面。安装高效过滤器的框架应平整，每个高效过滤器的安装框架平整度允许偏差不大于 1mm。

高效过滤器安装时，必须将填料表面、过滤器边框、框架表面以及液槽擦净。采用密封垫时，其垫片厚度不宜超过 8mm，其接头形式和材质可与洁净风管法兰密封垫相同。采用液槽密封时（图 3-36），液槽的液面高度要符合设计要求，一般为 2/3 槽深，密封液的熔点宜高于 50℃，框架各接缝处不得有渗液现象。采用双环密封条时，粘贴密封条时不得堵住孔眼；双环密封、负压密封时都必须保持负压管道畅通。

图 3-36　液槽密封高效过滤器安装

3.4.3.5　空调机组及净化设备安装

（1）空调机组安装（图 3-37～图 3-40）

安装空调器时应对设备内部进行清洗、擦拭，除去尘土、杂物和油污。设备检查门的门框应平整，密封垫应符合规范对法兰密封垫的要求。

净化空调系统的空调器接缝应进行密封处理，安装后应进行密封检查，其方法按“空调器漏风率检测法”进行检漏、堵漏，测量其漏风率。测量漏风率时，空调器内静压保持 1000Pa 。洁净度等于或高于 1000 级的系统空调器漏风率不应大于 1%；洁净度低于 1000 级的系统，空调器漏风率不应大于 2%。过滤器前后必须装压差计，压差管应畅通、严密、无变形和裂缝。表冷器冷凝水排出管上应设水封装置和阀门，无冷凝水排出季节应关闭阀门，保证空调器密封、不漏风。

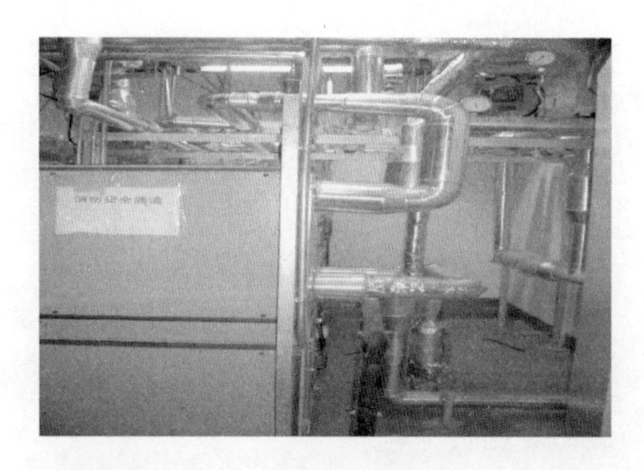

图 3-37　空气净化处理机组安装

图 3-38　机组内初、中效过滤器安装

图 3-39　机组内亚高效过滤器安装

图 3-40　冷水机组安装

（2）净化设备安装

洁净室内的净化设备主要包括空调机组 AHU、新风机组 MAU、风机过滤单元 FFU、干盘管 DCC、高效过滤器、洁净层流罩等，其安装的基本要求如下：

1）根据洁净室中产品生产的需要和人员净化、物料净化等要求，一般设置有各种类型的净化设备。各类净化设备与洁净室的围护结构相连时，其接缝必须密封。

2）风机过滤单元（FFU、FMU空气净化设备）的安装：

FFU或FMU装置应在清洁的现场进行外观检查，目测不得有变形、锈蚀、漆膜脱落、拼接板破损等现象。

FFU的高效过滤器安装前应进行检漏，合格后方可进行安装。安装方向必须正确，安装后的FFU应便于检修。

安装后的FFU应保持整体平整，与吊顶衔接应良好。风机箱与过滤器之间的连接、风机过滤器单元与吊顶框架之间均应设有可靠的密封措施。

FFU在进行系统试运转时，必须在进风口加装临时中效过滤器。

3）带有风机的气闸室、风淋室与地面间应设置隔振垫；安装时应按产品说明要求，做到平整，并与洁净室围护结构间配合正确，其接缝应进行密封。

4）机械余压阀的安装，阀体、阀板的转轴均应水平，允许偏差为2/1000。余压阀的安装位置应符合设计要求，一般设在室内气流的下风侧，并不应在工作面高度的范围内。

5）传递窗的安装应符合设计图纸和产品说明书的要求，安装应牢固、垂直，与墙体的连接处应进行密封。

6）洁净层流罩的安装：

应设有独立的吊杆，并设有防晃动的固定措施。

层流罩安装的水平度允许偏差为1/1000，高度允许偏差为±1.0mm。

当层流罩安装在吊顶上时，其四周与顶棚之间应设有密封和隔振措施。

3.4.3.6 空气净化装置的安装

本节适用于空气风淋室、气闸室、生物安全柜（图3-41）传递窗（图3-42）、层流罩（图3-43）、洁净工作台、洁净烘箱、空气自净器、新风净化机组、净化空调器等设备。本节未包括的或有特殊要求的设备，其安装施工及验收的技术要求，应按设备的技术文件（如说明书、装配图、技术要求等）的规定执行。

图 3-41　生物安全柜

图 3-42　传递窗

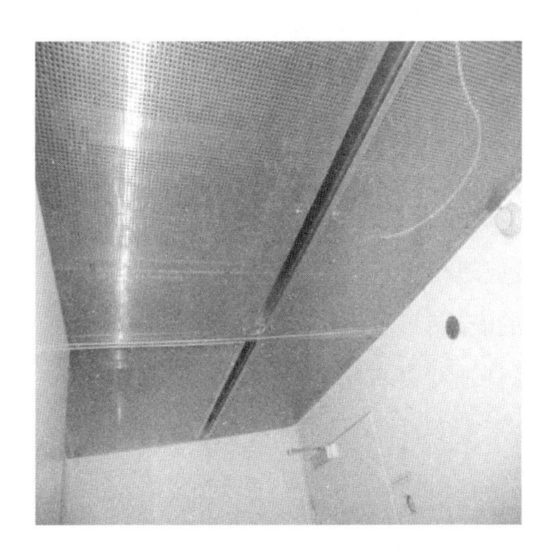

图 3-43　层流罩

集中式真空吸尘器及其系统施工及验收应符合《通风与空调工程施工质量验收规范》GB 50243—2016 的有关规定。

设备应按出厂时外包装标志的方向装车、放置，运输过程防止剧烈振动和碰撞。对于风机底座与箱体软连接的设备，搬运时应将底座架起固定，就位后放下。设备运到现场开箱之前，应在较清洁的房间内存放并应注意防潮。当现场暂不具备室内存放条件时，允许短时间在室外存放，但应有防雨、防潮措施。设备应有合格证，开箱应在较干净的环境条件下进行，开箱后应擦去设备内外表面的尘土和油垢，设备开箱检查合格后应立即进行安装。设备应按装箱单进行检查，检查设备是否有缺件、表面损坏和锈蚀等情况，并检查内部各部分连接是否牢固。

设备安装一般情况下应在建筑内部装饰和净化空调系统施工安装完成，并进行全面清扫擦拭干净之后进行。与洁净室围护结构相连的设备（如新风净化机组、余压阀、传递窗、空气风淋室、气闸室等）或其排风排水（如排风洁净工作台、生物安全柜、洁净工作台和净化空调器的地漏等）管道必须与围护结构同时施工安装时，与围护结构连接的接缝应采取密封措施，做到严密而清洁；设备或其管道的送、回排风（水）口应暂时封闭。每台设备安装完毕后，洁净室投入运行前均应将设备的送、回排风（水）口封闭。

安装设备的地面应水平、平整，设备在安装就位后应保持其纵轴垂直、横轴水平。带风机的气闸室或空气吹风室与地面之间应垫隔振层。凡有机械连锁或电气连锁的设备（如传递窗、空气风淋室、气闸室、排风洁净工作台、生物安全柜等），安装调试后应保证连锁处于正常状态。凡有风机的设备，安装完毕后风机应进行试运转，试运转时叶轮旋转方向必须正确，试运转时间按设备的技术文件要求确定；无规定时，则不应少于 2h。

设备的验收标准应符合该设备的技术文件要求。

安装生物安全柜时应符合下列规定：

生物安全柜在安装搬运过程中，严禁将其横倒放置和拆卸，宜在搬入安装现场后拆开包装；生物安全柜安装位置在设计未指明时应避开人流密集处，并应避免房间气流对操作口空气幕的干扰。

生物安全柜的背面、侧面离墙壁距离应保持在 80～130mm，对于底面和底边紧贴地面的安全柜，所有沿地边缝应加以密封；生物安全柜的排风管道的连接方式，必须以方便更换排风过滤器确定。

生物安全柜在每次安装、移动之后，必须进行现场试验，并符合设计要求；当设计无规定时，Ⅱ级生物安全柜的试验应符合下列规定：

压力渗漏试验，应确认所有接缝的气密性及整个设备没有漏气；高效空气过滤器的渗漏试验，应确认高效空气过滤器本身及其安装接缝没有渗漏；操作区气流速度试验，应确认整个操作区的气流速度均满足规定的要求；操作口流速度试验，应确认整个操作口的气流速度均满足规定的要求；操作口负压试验，应确认通过整个操作口的气流流向均指向柜内；洗涤盆漏水程度试验，应确认盛满水的洗涤盆经过 1h 后无漏水现象；接地装置的接地线路电阻试验，应确认接地分支线路在接红及插座处的电阻不超过规定值。

总之，净化空调系统安装必须符合设计及 GMP 要求。

3.5 洁净厂房的公用动力设施

3.5.1 给水排水设施

3.5.1.1 施工准备

给水排水及消防紧密配合土建施工，砌墙时配合土建安装安装管道。管道系统完成时，即进行系统试压，灌、闭水试验，以及隐蔽工程验收记录。污水管道系统完成后要进行射线探伤。设备基础完成后进行机械附属设备的安装。系统安装完毕后，与电气专业配合好系统调试工作。

3.5.1.2 室内污水管道安装

根据污水水质，生产排水分为有毒的工艺污水和无毒的工艺废水。有毒的工艺污水，经管道收集系统收集后送至车间地下室的灭菌罐（图 3-44），经过灭菌处理后泵送至污水处理站。无毒的工艺废水与空调冷凝水分别由单独的系统排至室外。

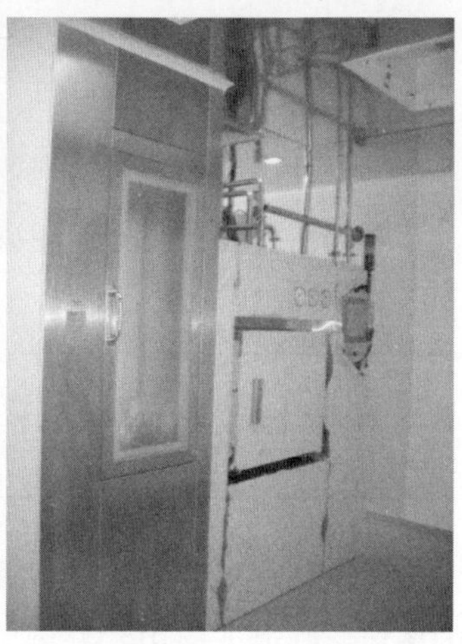

图 3-44 灭菌罐

（1）材料要求

无毒的工艺废水：地上采用 SS304 不锈钢管道，地下宜采用 PP-H 管道。

放空管：采用 SS304 不锈钢管道。

有毒的工艺废水：地上采用 SS316 不锈钢管道，地下宜采用 PP-H 管道。

空调凝水：采用 PVC 排水管。

地漏（图 3-45）：不锈钢洁净地漏（自带水封及盖板）。

图 3-45 地漏

管道安装前需对原材料进行检验，除检查合格证等资料外，还需对原材料实物进行检查，不合格材料严禁进场使用。

（2）施工工艺

安装准备：

根据设计图纸及技术交底，将管道坐标、标高位置划线定位，按表3-7检查、核对预留孔洞尺寸是否正确。

预留孔洞尺寸　　表3-7

管径（mm）	50～75	75～100	125～150	200～300
孔洞尺寸（mm）	100×100	200×200	300×300	400×400

管道预制：对部分管材与管件可预先按测绘的草图组装并编号，码放在平坦的场地，管道下面用木方垫平、垫实。

污水干管安装：安装通向室外的排水管，必须下返时应用顺水三通（或45°弯头、45°斜三通）连接，在垂直管段顶部应设清扫口，横管按表3-8设置清扫口、检查口。

清扫口、检查口设置标准　　表3-8

管径（mm）	清扫设备	距离（m）	
		废水	污水
50～70	检查口	15	12
	清扫口	10	8
100～150	检查口	20	15
	清扫口	15	10
200以上	检查口	25	20

污水立管的安装：校对预留洞口尺寸有无差错，立管安装前吊线。如有偏差需剔凿楼板洞，必须征得监理、总承包方有关人员同意，按规定要求处理。排水立管应先用线坠确定管中心位置，安装立管卡后敷设立管，当立管上、下层不在同一垂直线上时，宜用两个45°弯头连接。安装立管时应按标准控制好立管垂直度，并按规范要求设置检查口，立管检查口方向要便于检修。立管的

弯头部位应采用托架支撑，以避免因水力冲击造成接口脱落或弯头损坏等现象。

污水支管安装：污水横管与横管、横管与立管的连接应用顺水三通（或45°弯头、45°斜三通），支管末端可用带检查门的弯头代替清扫口，以利于管道疏通和维修；污水支管不得有倒坡或局部凹凸现象，保证达到坡度要求。

管道安装完成后，编制好各系统的管道系统图。报送有资质的探伤检测机构（图 3-46）。按照国家标准进行管线焊口探伤。待探伤合格后方可进行回填以及隐蔽工作。

无损检测报告

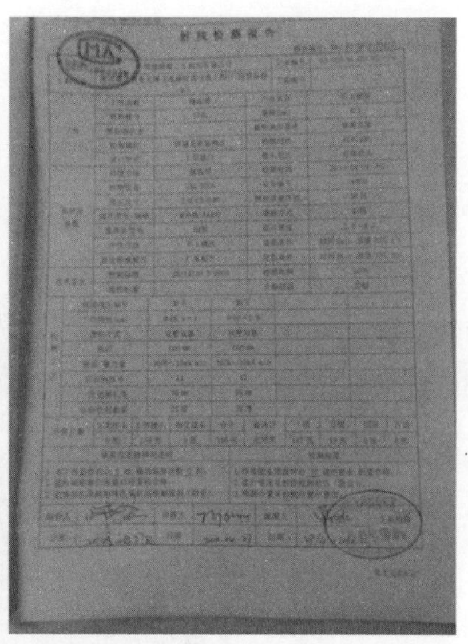

图 3-46 管道检测报告

通（闭）水试验：明装污废水管应做通水试验，管道及接口无渗漏即为合格；暗装及埋地管应做闭水试验，采用气囊法分层进行试验，将充气球胆在立管检查口处堵严，由本层预留口处灌水，以水位在规定时间内不下降为合格。

管道安装时，必须严格控制管件相接的管口平面尺寸，立管的弯头部位应采用管支墩支撑，如条件不能满足则采用吊托架支撑，以避免因水力冲击造成接口脱落或弯头损坏的现象。安装水平管道时按标准要求控制好管道的坡度和坡向，严禁有倒返水现象。管道的支、吊、托架应安装在承口部位，管道安装完毕后，须及时做灌、闭水试验。会同甲方和监理做好检查、记录工作。工程竣工前需清理管内杂物。

安装在管道起端的清扫口，与污水横管相垂直的墙面的距离不应小于0.15m，设堵头代替清扫口时与墙面的距离不应小于0.4m。地漏应安装在地面最低处，其顶面应低于设置处地面5mm。

排水管道横支管采用如下标准坡度：

$DN50$	$i=0.035$	$DN125$	$i=0.015$
$DN75$	$i=0.025$	$DN150$	$i=0.010$
$DN100$	$i=0.020$	$DN200$	$i=0.008$

3.5.1.3 污废水处理站

有毒的工艺污水，经管道收集系统收集后送至车间地下室的灭菌罐，经过灭菌处理后泵送至污水处理站（图3-47）。经过污水处理站的二级处理及沉淀处理后排到室外。

图3-47 污废水处理站组图

3.5.1.4 室内给水管道安装

(1) 安装过程

材料要求：

室内生活给水管道采用PP-R管。

工艺流程如图3-48所示。

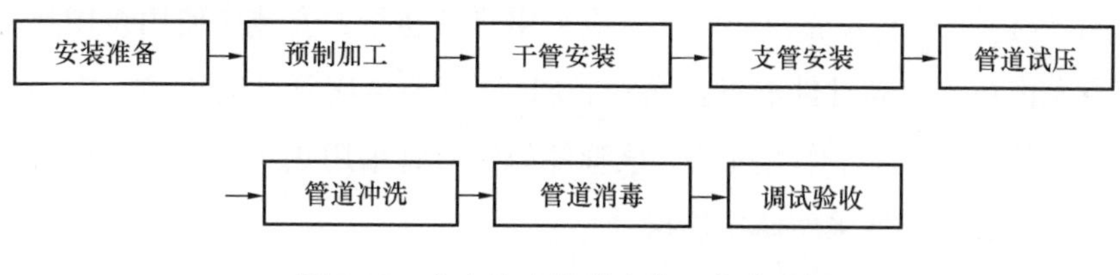

图3-48 室内给水管道安装工艺流程图

安装准备：认真熟悉图纸，根据施工方案确定的施工方法和技术交底的具体措施做好准备工作。参看有关专业设备图和装修建筑图，核对各种管道的坐标、标高是否有交叉，管道排列所用空间是否合理。

预制加工：按设计图纸画出管路走向、管径、预留管口、阀门位置等施工草图，在实际安装位置做上标记，按标记分段量出实际安装的准确尺寸，记录在施工草图上；检查、确认无误后，按草图测得的尺寸预制加工（断管、上配件、校对，按管段分组编号等）。使用专用电动切管机或手动切管机等工具切割管材，切口应垂直，且把切口内外毛刺清理干净。

干管安装：立管从上至下统一吊线安装支架，如果靠近剪力墙部位安装其支架统一为距地坪1.8m；如果在管井口结构楼板上设置型钢组合支架，应将预制好的立管按编号顺序安装，对好调直。

支管安装：支管为暗装，确定支管长度后画线定位，将预制好的支管敷在槽内，找平找正后固定管道；其阀门和可拆卸件应避免设在墙内，如设在墙内该部位应预留检修孔；各配水点管口应用长度100～150mm的闷头管封堵，然后进行管道试压，合格后，及时用洁净墙板覆盖管槽。待安装完成后进行打胶密封。

管道试压：室内给水管道的水压试验必须符合设计要求。例如，招标技术说明中要求给水管道的试验压力为1.0MPa；用试压泵缓慢对管道系统加压，升压时间不小于10min；升至试验压力后停止加压，在试验压力下观测10min，压力降不应大于0.02MPa；然后将试验压力降到工作压力进行检查，应不渗不漏。

管道冲洗：管道试压完毕后，即可做冲洗。

管道打压及冲洗必须先做预防措施，以防止管道漏水破坏顶棚及其他设施。

（2）PP-R管施工工艺

同种材质的PP-R管及配件之间应采用热熔连接，安装应使用专用热熔工具。不允许在管道和管件上直接套丝。PP-R管与金属管件的连接，应采用带金属嵌件的PP-R管件作为过渡，该管件与塑料管采用热熔连接，与金属管件或卫生洁具五金配件采用丝扣连接。

热熔连接的步骤：

接通热熔工具电源，到达工作温度、指示灯亮后开始操作。

剪裁。用管剪剪取所需长度，端面必须垂直于管轴线。为确定所需熔接部分的长度及方向，可用笔在管道上画出所需长度。

热熔接。当管熔接器加热到260℃时，用双手将管材和配件同时推进熔接器模具内并加热5s以上，注意管的长度及方向变化，不可过度加热，以免造成管材变形而导致漏水。

管道与管件接头处应平整、清洁、无油。熔接前应在管道插入深度处做记号，焊接后要对整个嵌入深度的管道和管件的接合面加热。

插接。加热后，将管材及管件脱离熔接模头，立即对接。

熔接施工应严格按规定的技术参数操作，在加热及插接过程中不得转动管道和管件，应直线插入。正常熔接时，在接合面应有一均匀的熔接圈。熔接操作技术参数见表3-9 。

熔接操作技术参数 **表3-9**

管材外径（mm）	熔接深度（mm）	加热时间（s）	插接时间（s）	冷却时间（min）
20	14	5	4	3
25	16	7	4	3

续表

管材外径（mm）	熔接深度（mm）	加热时间（s）	插接时间（s）	冷却时间（min）
32	20	8	4	4
40	21	12	6	4
50	22.5	18	6	5
63	24	24	6	6
75	26	30	10	8
90	32	40	10	8
110	38.5	50	15	10
若环境温度低于5℃，加热时间应延长10%				

（3）系统水压试验

管道安装完毕，在回填土前，对给水管道进行压力试验，观察接头处及管材上有无渗水情况。

按图3-49将堵板、试压泵、水表、管段连接好。

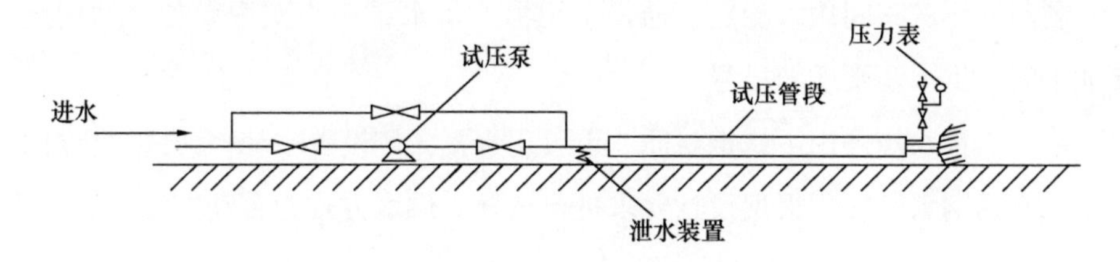

图3-49 水压试验管图

接通自来水水源并挖好排水沟槽，打开自来水向系统缓慢充水，此时应打开排气阀，充水后应把管内空气全部排尽。然后，将阀门关闭，逐步加压，每次升压0.2MPa为好，升压时应观察管口是否渗漏；同时后背、支撑、管端附近不得站人，先升至工作压力停泵检查，再升至试验压力观察，稳压1h压力降不大于0.05MPa；然后降至工作压力进行检查，压力应保持不变，各接口等处不渗、不漏为合格。做好试压记录，保压合格后放净试压的水。

新铺给水管道竣工后，应进行冲洗消毒。排水管道安装完成后，应进行冲洗。冲洗消毒前，应把管道中已安装好的水表拆下，以短管代替，使管道接通，并把需冲洗消毒管道与其他正常供水干线或支线断开。消毒前，先用高速水流冲洗水管，在管道末端将冲洗水排出，当冲洗到所排出的水内不含杂质时，即可进行消毒处理。进行消毒处理时，先把消毒段所需的漂白粉放入桶内，加水搅拌使之溶解；然后，随同管内冲洗水一起加入管段，浸泡24h；之后放水冲洗，并连续测定管内漂白粉的浓度和细菌含量，直至合格为止。新安装的给水管道消毒前，每100m管道用水及漂白粉用量可按表3-10选用。

每100m管道用水及漂白粉用量　　表3-10

管径 DN（mm）	15～50	75	100	150	200	250	300	350	400	450	500	600
用水量（m^3）	0.8～5	6	8	14	22	32	42	56	75	93	116	168
漂白粉（kg）	0.09	0.11	0.14	0.14	0.38	0.55	0.93	0.97	1.3	1.61	2.02	2.9

3.5.1.5　室外给水系统设备安装

制药厂厂房车间用水稳定，通常采用恒压供水系统来实现设备持续用水，保证不间断供水及水质的质量。

恒压供水水箱采用不锈钢材质。市政用水接入侧设置一套多袋式水质过滤系统。不锈钢水箱容积根据设计要求进行选择。供水方式为自动控制。室外给水系统如图3-50所示。

图3-50　室外给水系统

（1）水泵及过滤器的安装方法

水泵及过滤器就位前，应复查基础的尺寸、位置标高是否符合设计要求，设备不应有零件损坏和锈蚀现象，管口保护物和堵盖应完好，盘车应灵活，无阻滞卡咬现象，无异声。

设备找平应符合下列要求：卧式或立式泵纵横向水平度不应超过0.1mm/m，水平联轴器保持同轴度同轴向斜倾不超过0.8mm/m，径向位移不超过0.1mm。测量时，以加工面为准。

找平、固定后进行管道附件安装。安装止回阀时，水流方向必须与阀体标明方向一致。安装避震喉时，应保证其在自由状态下进行连接，对于泵吸水管路中的偏心大小头，要取上部平齐，在阀门附近要设固定支架。如果水泵出厂时间超过6个月或运输安装时有杂物进入泵体内，需由厂家委派专业工程师到现场进行拆检清洗。

（2）水泵的单机试运转

泵试验前，重复检查各紧固件部位是否松动，润滑油脂的质量、数量是否符合技术文件规定，安全保护装置应灵敏可靠，盘车应灵活正常。泵吸口阀门要全开，出口阀门要全闭，泵和吸水管路应畅通，且充满输送液体，排尽空气，不得在无液状态下启动，试运转前需注油填料，试运转时要做好与电气专业的配合，并记录有关技术参数，试运转结束后应做好设备试运转记录报告。

3.5.1.6 消防水系统安装

直径大于100mm的镀锌管采用扣接，管内清理干净。下料时如用割刀应将管口扩口，法兰连接的管道和法兰的工作压力应满足设计要求，法兰平面一定要与管道中心线垂直，所有焊口冷却后及时刷漆。管道附件及阀门设备安装前应核验其规格、型号和质量，符合设计要求方可使用，并清理内部杂物和水纹线，旋杆加黄油。管道连接时两法兰应平行。安装坡度应符合设计及规范要求，楼板上的套管应高出地面50mm，穿过防火墙时应按要求填充防火隔热材料。

直径小于或等于100mm的镀锌管套丝的螺纹应规整，断丝或缺丝不得大于螺纹丝扣的10%，所有变径部位不得使用补心，均采用变径管箍。管道镀锌层破坏处，用镀锌防腐涂料SZ-1补涂。

(1) 喷头安装

需选用隐蔽式的喷头（图3-51）。喷头安装应在系统管网试压、冲洗后，且顶棚安装后进行。安装喷头所需的弯头、三通等宜采用专用管件。喷头的安装应采用工厂配备的专用扳手。发现喷头的框架、溅水盘变形或释放元件损伤应更换喷头。当喷头需要更换时，更换上的喷头应与原喷头型号相同。当使用喷头的公称直径小于10mm时，在配水干管或立管上应安装滤水器。凡易遭机械损伤的喷头，应安装防护罩。喷头安装时，应按设计规范要求确保其溅水盘与吊顶、门、窗、洞口和墙面的距离。喷头距墙壁、独立式隔断或墙的安装距离应符合表3-11的规定。

图3-51 喷头

喷头距墙壁、独立式隔断或墙的安装距离 表3-11

水平距离（cm）	15	22.5	30	37.5	45	60	75	≥100
最小垂直距离（cm）	7.5	10.0	15.0	20.0	23.6	31.8	38.6	45.0

(2) 报警阀安装

报警阀及其组件安装时，应先进行报警阀与消防立管的连接，应保证水流方向一致，再进行报警阀辅助管道的连接。报警阀应安装在明显且便于操作的地点，距离地面高度一般为1.2m左右，两侧距墙不小于0.5m，正面距墙不小于1.2m。安装报警阀的室内地面应采取相应的排水措施。

湿式报警阀的安装应符合下列要求：

应确保其报警阀前后的管道中能顺利充满水；水力警铃不发生误报警；每一个水流提示器为一个报警分区，每一个报警分区应安装一个检测装置；水流通路上的过滤器应安装在延迟器前，且便于排渣操作的位置。

（3）组件安装

水力警铃应装在公共通道或有人的值班室内，且应安装检修、测试用阀门和通径20mm的滤水器。警铃和报警阀的连接应采用镀锌钢管，当通径为15mm时，其长度不应大于6m；当通径为20mm时，其长度不应大于20m。水力警铃安装应确保其启动压力不小于0.05MPa；警铃连接管必须畅通、水轮转动灵活。

水流指示器的安装应符合下列要求：

在管道试压冲洗后，方可安装；一般应装在分区安全信号阀后面管道上，其尺寸必须与管径相匹配；水流指示器的桨片、膜片一般宜垂直于管道，其动作方向和水流方向一致；安装后的水流指示器的桨片、膜片动作灵活，不允许与管道有任摩擦接触，且要求无渗漏。

系统中的安全信号阀应靠近水流指示器安装，且与水流指示器间距不小于300mm。自动排气阀应在管道系统试压冲洗后安装于立管顶部或配水管的末端，不应有渗漏。系统中安装的控制阀包括闸阀、安全信号阀、蝶阀等，其型号、规格、安装部位应符合设计图纸要求；安装方向正确，阀内清洁无堵塞，无渗漏；系统中的主要控制阀必须安装启闭指示。末端试水装置安装在系统管网或分区管网的末端，是检验系统供水压力、流量、报警或联动功能的装置。

（4）管网强度、严密性试验及吹扫

系统安装完后，应按设计要求对管网进行强度、严密性试验，以验证其工程质量。同时，应进行水压试验。

系统水压试验应用洁净水，当设计工作压力小于或等于 1.0MPa 时，水压试验压力为 1.4MPa 或设计工作压力的 1.5 倍；当设计工作压力大于 1.0MPa 时，水压试验压力应为设计工作压力加 0.4MPa。测压点应设在管道系统最低部位。对管网注水时，应将空气排净，然后缓慢升压，达到试验压力后，稳压 30min，目测无泄漏、无变形，且压降不大于 0.05MPa 时为合格。系统严密性试验一般在强度试验合格后进行。其试验压力为设计工作压力，稳压 24h 经全面检查，以无泄漏为合格。系统的水源干管、进户管和室内地下管道应在回填隐蔽前，单独或与系统一起进行强度、严密性水压试验。管道试压的水一定要用清洁的水，管道安装完毕后对管道进行全面检查，根据工艺流程，核对已安装管子、管件、阀门、垫片紧固件等，全部符合技术规格的规定后，把不宜和管道一起试压的阀门配件等拆除，换上临时短管，所有开口进行封闭，然后在管道最低处灌水，最高处放气。试压时应缓慢升压，并应符合设计的要求。

总结：在制药厂给水排水设施施工中，除设备及材质要合格外，还应注重管道连接、焊接质量。试压前一定要给出方案，经业主及监理公司相应工程师确认，并必须做好预防措施，以防止管道试压漏水带来的经济损失。

3.5.2 纯水、纯气设施

洁净管道是构成医药生产工艺的重要组成部分，是医药生产过程中各种介质传输的重要媒介。不锈钢以其优良的性能被广泛应用于药品生产的各种洁净工艺管道中。GMP 认证及药品生产工艺上都对工艺管道有着极为严格的要求，如注射水管道、物料管道、纯蒸汽管道等，都要求其提供无污染、耐腐蚀、内壁光洁等良好的介质输送环境。这就要求施工方必须为其提供符合制药行业特殊要求的合格产品。管道安装过程中，为了控制好工程质量，首要任务是提供优质、安全、可靠的管道焊接接头，对焊接质量实施合理有效的全过程管理控制。要实现控制的目的，就必须弄清影响介质输送环境的焊接缺陷，以及在实际生产过程中如何对这些焊接缺陷做好控制工作。本书将就焊接缺陷进行分析，并从焊接准备、施焊以及焊后确认三方面分别进行阐述，介绍如何在实施过程中通过控制哪些因素来预防焊接缺陷的产生，为合格焊接产品提供可靠保障。

纯水、纯气设施组图如图 3-52 所示。

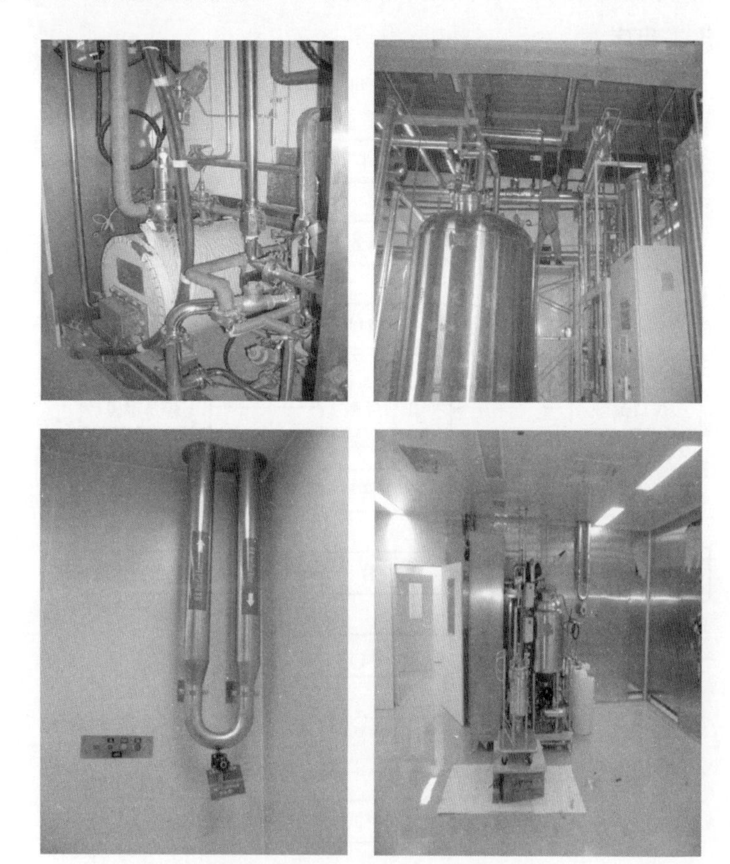

图 3-52 纯水、纯气设施组图

3.5.2.1 施工准备

操作人员以管工、电焊工为主。

按材料计划备齐施工材料，及时送到现场，能配套并陆续供应。主要包括管材和相应的管件、阀门、法兰及焊接材料等。

施工措施用料主要为搭设预制平台及预制件存放的木方（板）及橡胶片，系统试验吹扫用的管材和阀门等材料。

主要施工机具为电焊机、氩弧焊机、砂轮切割机、坡口机、空气压缩机、电动试压泵、捯链、千斤顶、焊条烘干箱、焊条保温箱、手握砂轮机、水平尺、直角尺、尼龙绳及非碳钢手锤。

3.5.2.2 施工程序

纯水、纯气设施施工程序如图 3-53 所示。

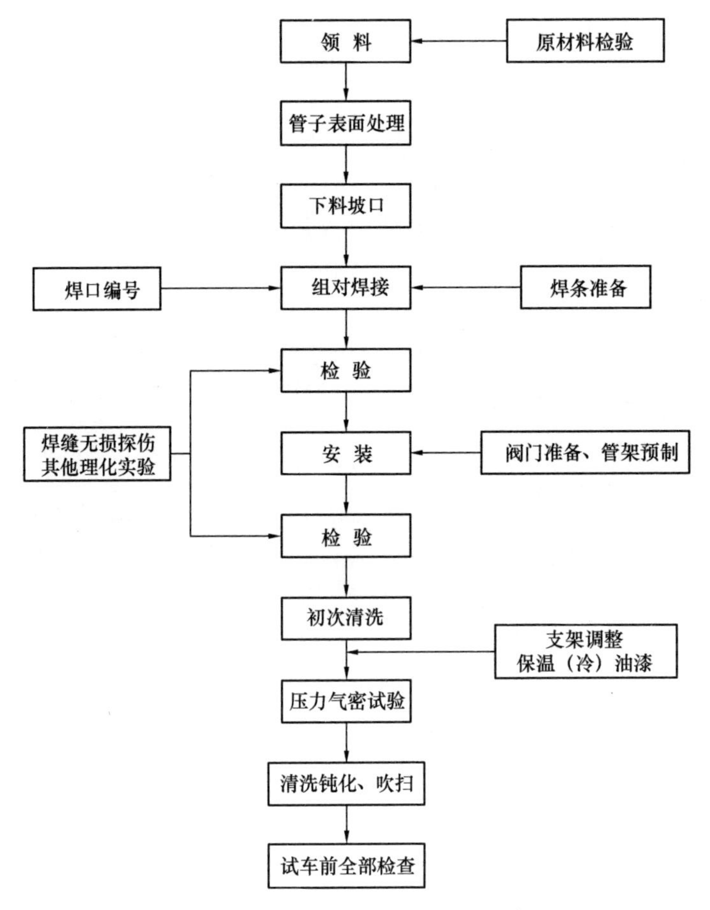

图 3-53 纯水、纯气设施施工程序

3.5.2.3 安装工艺

管道预制使用的管材、阀门、管件等应符合设计要求及规范规定。预制应在非碳钢材质的平台上制作，预制段尺寸按修正后的管段图进行，保证运输、吊装条件及有可调整的余地。

管子采用砂轮切割机切割，应彻底修磨其表面。端面倾斜偏差为管子外径的1%且不大于2mm。

坡口加工采用坡口机、手握砂轮机等方式进行，管壁厚度小于或等于3mm的开“I”形坡口（不开坡口），管壁厚度大于3mm的开单面60°～70°“V”形坡口，钝边厚度1～1.5mm，加工后的坡口斜面及钝边端面的平整度不应大于0.5mm，角度应符合要求。

（1）管道焊接

1）焊前准备控制

对洁净管道实施焊接前需要做大量的准备工作，在准备阶段除应按照《现场设备、工业管道焊接工程施工规范》GB 50236—2011的相关规定选用具备相应资格证书的焊接操作人员外，还需要根据医药工程洁净管道施工的特点，分别从焊接工艺、焊接设备、焊接材料及环境等多方面进行准备，并对其准备情况进行有效控制。

2）焊接工艺控制

洁净管道因其材料和所在行业的特殊性，在焊接作业前必须编制焊接工艺卡，以便为焊接实施过程中的作业提供指导，为焊接质量提供有效的保证。管壁粗糙或管路存在盲管，微生物完全有可能依赖此条件构筑自己的温床生物膜，给传输介质的运行及日常管理带来风险及麻烦。为保证获得良好的焊接质量，医用洁净管道焊接工艺应选择钨极惰性气体保护焊。

洁净管道安装过程中，常用的有手工氩弧焊和全位置焊两种。这两种焊接的使用应根据洁净管道的重要性、焊接成形、工程经济性等方面来选择。一般对注射水、纯蒸汽以及与药品及其生产组成成分等物料直接接触或与药品包装材料直接接触的重要洁净管道，都必须采用自动氩弧焊（即全位置焊），因为自动氩弧焊焊接稳定性好、焊缝成形美观光洁。对药用原水、排水管道等可采用手工氩弧焊。

3）材料及环境控制

焊接准备除应具备合格的焊接人员、合理的焊接工艺、合格的焊接装备外，还必须对焊接工件和焊接加工环境进行控制。这部分也是造成焊接缺陷、影响焊接质量非常重要的环节，不可小觑。

4）材料选择

在许可情况下，为避免奥氏体不锈钢晶体产生腐蚀，可选择含碳量低（如304L）及加入了钛、铌等与碳亲和力强的合金元素的不锈钢（如321），这样不易在焊接过程中产生晶间腐蚀。同时，为避免气孔的产生应采用纯度达到99.8%的氩气。

5）洁净管道预处理

洁净管道在焊接施工前，必须按照安装程序要求加强对管道预处理的控制，同时也可以有效避免产生热裂纹、气孔等缺陷。洁净管道按照管道走向放线、下料完毕后，必须对焊接接头进行打磨整平以减少焊接夹杂等。待表面机械打磨平整完后，必须对管道进行脱脂处理去除表面油污等。同时，在脱脂完毕后，采用管道封头将管道焊接接头封好，一般要求封头盖住焊接接头长度不短于20 mm，以便保护脱脂处理后管道的清洁度。

6）焊接环境控制

焊接环境的控制主要是防止在有风的地方进行作业，避免因吹风而影响氩气对焊缝熔池的保护作用，避免产生气孔等缺陷。同时，要求施工现场要有足够的照度，避免因光线昏暗影响现场作业。

7）焊接实施控制

焊接实施的控制重点在于焊接装配和焊接参数的控制。焊接实施控制是保证焊接质量的最后一个非常重要的环节。

8）焊接装配控制

对洁净管道焊接接头实施手工或全位置焊接前，都要进行管道装配，包括焊接接头的对接和定位焊接。首先，焊接接头对接时，必须保证正确的接头间隙和接头的对正性。如果实施对接时出现间隙不当和接头错边，将导致焊缝烧穿、焊缝成形不良以及未焊透等焊接缺陷。为保证焊接接头不出现错位现象，可用靠模来检验接头的对接情况。其次，对接正确后应当进行定位焊接，以防止在焊接过程中由于焊件翘曲变形等使焊接接头待焊处出现错位等现象。对医药洁净管道实施定位焊时，应采用交叉点焊法实施 4～12 点对称点焊定位。

因不锈钢具有线膨胀系数、焊接变形大的特点，所以定位焊接点焊点距应较小，主要根据管道壁厚选择点距，可参照表 3-12。

定位焊接点焊点距 **表 3-12**

管道壁厚 d（mm）	定位焊接点焊点距 l（mm）
1.2	10～30
$3\leqslant d\leqslant 4$	40～80

9）焊接参数控制

焊接电流：焊接电流是决定 TIG 焊（钨极惰性气体保护焊）焊缝熔深的主要参数。洁净不锈钢管的焊接采用直流电源的正极性焊接最为理想，其次是采用交流电源焊接。电流大小主要依据管道壁厚、焊接位置和采取的接头形式来确定。电流越大，熔深、熔宽和焊缝表面凹陷就越大，过大会产生烧穿、咬边等缺陷，过小又易造成未焊透。具体参数可根据现场实际情况进行试焊，通过 X 光拍片合格后来确定同种管道的电流。

焊接电压：TIG 焊焊接电压一般为 10～20V。焊接电压增大，会使熔宽增加，但熔深和焊缝表面凹陷反而会减小；当焊接电压过大时，还易造成未焊透和保护不良。因此，在保证电弧不短路的情况下，尽量减小弧长进行焊接。

焊接速度：焊接速度主要依据洁净管道壁厚，并配合焊接电流进行选择。为保证氩气对焊接的有效保护，焊接速度不宜过大。速度过大会造成氩气气流严重偏后，从而可能使钨极、弧柱乃至熔池全都暴露在空气中。但为了避免或减少晶间腐蚀，可在允许范围内采取小电流快速焊，同时也有利于避免热裂纹的产生。为避免小电流快速焊的不良影响，应当采取诸如增加氩气流量、减小焊枪前倾角度等措施。

氩气流量：氩气流量与喷嘴之间有一个最佳范围，此时气体保护效果最佳，焊件上有效保护区域最大。虽可按照理论参数来控制流量，但现场常用的是采用焊点试验法来检查、确定氩气的保护效果范围。具体方法是：在不锈钢板材表面进行 TIG 焊焊点试验，在所确定的焊接工艺参数下引弧并保持 5～6s，然后切断电源，这样就在钢板表面形成一个焊点区，在该区内受到氩气有效保护的区域呈现光亮的银白色，而受到空气侵蚀保护不完全的则呈暗黑色。

钨极形状：钨极应选用铈钨极（W-Ce）。铈钨极在工艺性能、许用电流等方面都高于钍钨极，同时还具有放射性小的特点。焊接时钨极末端的形状有多种，一般在小电流焊接时，选小直径的钨极并将其末端磨成约 20°尖角，这样电弧容易引燃和稳定。反之，可磨成大于 90°的钝角或平顶锥形，可避免尖端过热熔化，从而减少端部损耗，同时还可以使阴极辉点稳定，使焊缝外形均匀。另外，选择尖角钨极端部还应考虑对熔深和熔宽的影响。尖角增大，熔深增大，熔宽变小，反之则相反。

10）焊接接头表面处理

洁净管道焊接作业完成后都应进行表面抛光处理，高洁净室内管道更严格。同时，在焊后检查若确定焊缝表面存在外观形状缺陷，也必须进行处理，将缺陷全部消除。根据实际情况，可以采用机械修磨与电化学抛光、化学抛光相结合的方法进行处理，有必要时还应采取合理的补焊工艺加以修补，使表面达到洁净管道所要求的标准。机械修磨的部位必须修磨成圆滑过渡后，才能采用化学或电化学抛光。

11）焊后确认

焊后确认是指管道接头焊接完成后，对照图纸、焊接工艺要求，检查焊接是否符合设计及规范要求。包括对焊接接头合格情况的检查、焊接缺陷处理后的再检查。检查方式有焊接接头仪器检查和灌水试压两种。

① 焊接接头仪器检查

管道焊接接头焊接作业完成后，应对其进行焊接质量检查，并做好焊接接头的数量记录。焊缝检查的方法很多，如射线探伤、超声波探伤、声发射等。

医药洁净管道工程一般采用X光拍片进行检查。实际工程中，管道往往需要穿至吊顶、夹层中进行焊接安装，不便进行X光拍片，为此可采取先拍片的形式。具体做法是，根据TIG先自动确定焊接控制参数，如电流、频率、保护气流等，然后再按照所设定的焊接参数焊接几个接头，对所焊接头进行X光拍片，如符合要求，再按照所设定的参数对同种管道实施焊接，这样就可以保证焊缝的焊接质量。

② 水压试验检验

虽然洁净管道在安装焊接时已经做过X光拍片检查，但在安装完成后对管道进行的试压也是对焊接情况的有效检验手段。试压介质根据管道输送介质不同而不同，如注射水、纯化水等液体输送洁净管道一般用去离子水进行试压；纯蒸汽、洁净压缩空气等一般采用洁净空气进行试压，试压压力一般为该管道设计工作压力的1.5倍，检查结果无渗漏为合格。

(2) 管道吊装

管道吊装前主要注意事项：

对于预制段、管材、阀门、管件等按照管段图进行核对，对管架（支、吊、托架）的标高、坐标（位置）等进行复核检查，对设备接口的标高、位置、方向、口径进行核对检查，对预留孔（洞）及预埋件的标高、位置、尺寸、深度进行复核检查，对管材（预制件）管件按设计要求进行光洁度检查。

管道吊装应由起重工统一指挥，绳扣要捆扎牢固，严禁超负荷吊装，遇有大雨、大雪或6级以上强风天气严禁露天起重作业。不得用钢丝绳直接捆扎(用尼龙绳)，避免把管表面划痕，不得与碳钢管混吊，安放在管架上应稳固，并按设计要求进行垫隔。

(3) 管道连接

管道连接时，不得用强力对口、加热管子或多层垫片等方法来消除接口端面的空隙、偏差、错口或不同心等缺陷。连接的管子应平直（应检查组对的平直度，允许偏差1mm/m，但全长允许偏差最大不宜超过10mm)，标高、坐标、坡度、坡向应符合设计要求。其标高、坡度、坡向可用支座下金属垫板或吊架升降杆来调整。

管道焊接见上述有关管道焊接内容。

（4）阀门安装

阀门安装前应核对阀门的材质、规格、类型及压力等级是否符合设计要求，进行强度及严密性试验并合格。

（5）管道系统试验、吹洗

管道系统试验及吹扫应按系统进行，但视管道布置的情况也可分条分段进行。试验、吹扫前应将系统内设备隔离或盲堵，防止杂物进入设备内。水压试验为工作压力的 1.5 倍，气压试验为工作压力的 1.1 倍，空气吹扫应有足够的流量，流速不小于 20m/s。试验吹扫合格后，将管道内水介质排净，将系统内隔离的设备恢复原状态，加入的盲板原数撤出，记录好试验、吹扫记录，并交工归档。

（6）工艺管道保温（冷）工程

按设计要求及规定和保温（冷）工程施工工艺进行。

3.5.2.4 管道的吹扫与清洗

（1）一般规定

在压力试验合格后，建设单位应负责组织吹扫或清洗（简称吹洗）工作，并应在吹洗前编制吹洗方案。

吹洗方法应根据对管道的使用要求、工作介质及管道内表面的脏污程度确定。公称直径大于或等于 600mm 的液体或气体管道，宜采用人工清理；公称直径小于 600mm 的液体管道宜采用水冲洗；公称直径小于 600mm 的气体管道宜采用空气吹扫；蒸汽管道应以蒸汽吹扫；非热力管道不得用蒸汽吹扫。对有特殊要求的管道，应按设计文件规定采用相应的吹洗方法。

不允许吹洗的设备及管道应与吹洗系统隔离。管道吹洗前，不应安装孔板、法兰连接的调节阀、重要阀门、节流阀、安全阀、仪表等，对于焊接的上述阀门和仪表，应采取流经旁路或卸掉阀头及阀座加保护套等保护措施。

吹洗的顺序应按主管、支管、疏排管依次进行，吹洗出的脏物，不得进入已合格的管道。吹洗前应检验管道支、吊架的牢固程度，必要时应予以加固。清洗排放的脏液不得污染环境，严禁随地排放。吹扫时应设置禁区。蒸汽吹扫时，管道上及其附近不得放置易燃物。管道吹洗合格并复位后，不得再进行影响管内清洁的其他作业。管道复位时，应由施工单位会同建设单位共同检查，并应填写管道系统吹扫及清洗记录及隐蔽工程（封闭）记录。

（2）冲洗

冲洗管道应使用洁净水，冲洗奥氏体不锈钢管道时，水中氯离子含量不得超过 25×10^{-6}。冲洗时，宜采用最大流量，流速不得低于 1.5m/s。排放水应引入可靠的排水井或沟中，排放管的截面面积不得小于被冲洗管截面面积的60%。排水时，不得形成负压。管道的排水支管应全部冲洗。水冲洗应连续进行，以排出口的水色和透明度与入口水目测一致为合格。当管道经水冲洗合格后暂不运行时，应将水排净，并应及时吹干。

（3）空气吹扫

空气吹扫应利用生产装置的大型压缩机，也可利用装置中的大型容器蓄气，进行间断性的吹扫。吹扫压力不得超过容器和管道的设计压力，流速不宜小于 20m/s。吹扫加油管道时，气体中不得含油。空气吹扫过程中，当目测排气无烟尘时，应在排气口设置贴白布或涂白漆的木制靶板进行检验，5min 内靶板上无铁锈、尘土、水分及其他杂物，应为合格。

（4）蒸汽吹扫

为蒸汽吹扫安设的临时管道应按蒸汽管道的技术要求安装，安装质量应符合规范的规定。蒸汽管道应以大流量蒸汽进行吹扫，流速不应低于30m/s。蒸汽吹扫前，应先行暖管、及时排水，并应检查管道热位移。蒸汽吹扫应按加热-冷却-再加热的顺序，循环进行。吹扫时宜采取每次吹扫一根，轮流吹扫的方法。通往汽轮机或设计文件有规定的蒸汽管道，经蒸汽吹扫后应检验靶片。蒸汽管道还可用刨光木板检验，吹扫后，木板上无铁锈、脏物时，应为合格。

（5）化学清洗

需要化学清洗的管道，其范围和质量应符合设计文件的规定。管道进行化学清洗时，必须与无关设备隔离。化学清洗液的配方必须经过鉴定，并曾在生产装置中使用过，经实践证明是有效和可靠的。化学清洗时，操作人员应穿着专用防护服装，并应根据不同清洗液对人体的危害佩戴护目镜、防毒面具等防护用具。化学清洗合格的管道，当不能及时投入运行时，应进行封闭或充氮保护。化学清洗后的废液处理和排放应符合环境保护的规定。

3.5.2.5 清洗方案

（1）预清洗

配方：常温去离子水。

操作程序：用循环水泵保持在 2/3bar（1bar＝100kPa）压力下用水泵加以循环，15min 后打开排水阀，边循环边排放。

温度：室温。

时间：15min。

放掉清洗用去离子水。

（2）碱液清洗

配方：准备氢氟化钠化学纯试剂，加入热水（温度不低于 70℃）配制成 1%（体积浓度）的碱液。

操作程序：用泵进行循环，时间不少于 30min，然后排放。

温度：70℃。

时间：30min。

放掉清洗液。

（3）去离子水冲洗

配方：常温去离子水。

操作程序：用循环水泵保持在 2/3bar 压力下用水泵加以循环，30min 后打开排水阀，边循环边排放。

温度：室温。

时间：15min。

放掉清洗用去离子水。

3.5.2.6 钝化方案

（1）酸液钝化

配方：用去离子水及化学纯的硝酸配制 8%的酸液。

操作程序：用循环水泵保持在 2/3bar 压力下加以循环 60min。60min 后加入适当氢氧化钠，直至 pH 为 7 时，打开排水阀，边循环边排放。

温度：49～52℃。

时间：60min。

放掉钝化液。

（2）纯化水冲洗

配方：常温去离子水。

操作程序：用循环水泵保持在 2/3bar 压力下用水泵加以循环，5min 后打开排水阀，边循环边排放。

温度：室温。

时间：5min。

放掉清洗用去离子水。

（3）纯化水再冲洗

配方：常温去离子水。

操作程序：用循环水泵保持在 2/3bar 压力下用水泵加以循环，直到出水 pH 呈中性。

温度：室温。

时间：不少于 30min。

放掉清洗用去离子水。

注意：在进行清洗 304 不锈钢管钝化时，必须拆掉精密过滤器滤芯，以免损坏滤芯。

3.5.2.7 质量标准

（1）基本项目

坡度一般为0.03，但不得小于0.02。

阀门安装应紧固、严密，与管道中心线应垂直，操作机构应灵活、准确。

（2）允许偏差项目

坐标及标高允许偏差不得大于15mm。

立管垂直度允许偏差不得超过2mm/m，全长不得超过15mm。

（3）质量检查要点

抛光管道的光洁度是否达到设计要求。

气流输送管道的坡向及坡度和严密性是否符合设计要求。

焊缝检验结果（X光射线检验报告）。

管道系统强度、严密性试验及吹扫结果（检查试验、吹扫记录）。

焊缝酸洗、钝化是否合格，支架（管托）与管道之间垫隔是否正确。

3.5.2.8 成品保护

不锈钢管道安装后不得脚踏攀登，更不能借搭脚手架和吊挂起重用具。要防止在邻近作业时将碳钢物件停放在不锈钢管道上。小口径螺纹连接阀门及仪表等贵重物件安装后，可拆卸下来保存，防止损坏或丢失。管道穿越建（构）筑物安装，需要进行拆墙和打洞时，要事先与土建施工单位联系，避免影响结构强度，安装后按原样恢复。在管道需要修改时，应拆下保温层的保护壳，并保护好，待管道修复后，恢复原样。

3.5.2.9 注意事项

不锈钢管道预制，不得在碳钢平台上进行，不得使用碳钢手锤敲打组对。吊装时，不得用钢丝绳直接捆扎管子及其他不锈钢物件。不锈钢管道安装后不得与碳钢管架（支、托、吊架）直接接触，应按设计要求垫隔。试验用水中氯离子含量不得大于50×10^{-6}。管道连接组对绝不能强力进行，特别与传动设备连接时，绝不能对设备产生超规范的应力。管道施工中断时，要将敞口封堵好，避免杂物进入管内。

3.6 洁净厂房的其他机电安装关键技术

3.6.1 危险品库安装方案

3.6.1.1 危险品库安装工程施工流程

危险品库安装工程施工流程如图 3-54 所示。

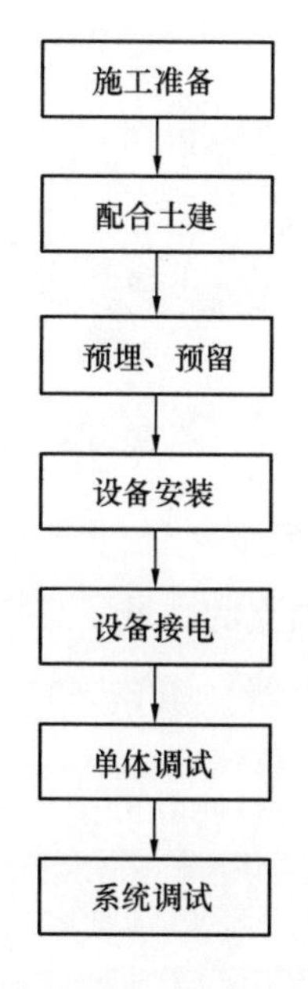

图 3-54 危险品库安装工程施工流程

3.6.1.2 危险品库通风空调系统安装

由于危险品库储存的物品属于易燃易爆的物品，内部要求所有设备必须防爆。对于有常温要求的药品，房间内需设置制冷空调。对于任意挥发并产生可燃气体的房间，需设置排风系统。但是空调和排风机必须采用防爆机型，屋面风机的电机也必须为防爆电机。防爆通风空调如图 3-55 所示。

图 3-55 防爆通风空调

3.6.1.3 危险品库消防系统安装

一般药厂危险品库设置在独立的区域，离厂房及工作地点有一定距离。消防通常采用悬挂式自动干粉灭火器（图 3-56）。应按照消防设计规范，计算好一定面积所需要的灭火器数量。

图 3-56 悬挂式自动干粉灭火器

3.6.1.4 危险品库监控系统安装

按照国家相关规定，应对危险品库四周及室内危险品存放柜进行不间断监控。危险品库内的监控摄像头必须为防爆型摄像头。室外的摄像头可以为普通型摄像头，但是画面必须清晰。危险品库摄像头如图 3-57 所示。

图 3-57 危险品库摄像头

3.6.1.5 危险品库电气系统安装

由于危险品库室内全部设备的配电均有防爆要求（包括强电和弱电），所以仓库内所有的灯具、开关、插座、线管接头、接线盒等均为防爆产品，室内线管必须为镀锌线管。危险品库电气系统如图 3-58 所示。

图 3-58　危险品库电气系统

3.6.1.6　危险品库其他安装要求

危险品库外面要设置紧急冲淋以及紧急洗眼装置（图 3-59）。

图 3-59　危险品库紧急冲淋装置

3.6.2 洁净空调系统调试方案

3.6.2.1 调试说明及依据标准

本调试方案仅适用于制药厂机电安装工程空调调试工作。本调试方案根据项目的通风空调系统结构、施工进度和现场条件而制定。本调试方案依据文件：合同文件、施工图纸、业主现场要求、国家施工及验收规范等。本调试方案根据现场情况在实际调试过程中会有所修正。本调试方案所用的仪表均为经国家计量测试检验合格的仪表，均在有限期内使用。调试中，有关的配合电工应为持证电工，并按规程进行所有操作。

依据标准：

《建筑工程施工质量验收统一标准》GB 50300—2013

《通风与空调工程施工质量验收规范》GB 50243—2016

《组合式空调机组》GB/T 14294—2008

《医药工业洁净厂房设计标准》GB 50457—2019

《洁净厂房设计规范》GB 50073—2013

3.6.2.2 调试概况

本调试方案适用范围为制药厂机电安装工程现场所有单体的空调系统。

每套系统均需独立调试并独立记录，独立验收。主要调试内容包括系统风量（送风、回风、新风等）的调整、室内压差的调整、控制风阀的调整等。在所有项目调试完毕并经业主认可后将系统逐一移交给业主，以便业主进行其他见证调试以及最终调试。

每个系统调试前均须先提交以下记录：风管清洁记录，风管制作检查记录，风管安装检查记录，风管漏风量测试记录，通风机、空调风机检查试运转记录，风阀检查试验记录，空调系统单线图。

3.6.2.3 施工准备

（1）人员准备

为保证本工程调试顺利进行，成立以项目部领导为核心的领导小组，编制好合适的调试组织结构，分工明确。

（2）材料准备

仪器仪表要求：

通风与空调系统调试所使用的仪器仪表（图 3-60）应有出厂合格证明书和鉴定文件；严格执行计量法，不得在调试工作岗位上使用无检定合格印、证或超过检定周期以及经检定不合格的计量仪器仪表；必须了解各种常用测试仪表的构造原理和性能，严格掌握它们的使用和校验方法，按规定的操作步骤进行测试；综合效果测定时，所使用的仪表精度级别应高于被测对象的级别；搬运和使用仪器仪表要轻拿轻放，防止振动和撞击，不使用仪表时应放在专用工具仪表箱内，防潮湿、防污秽等。

主要仪表工具：毕托管；罩式风速仪；其他常用的电工仪表、声级仪、钢卷尺、手电钻、活扳子、改锥、钳子、铁锤、梯子、手电筒、对讲机、测杆等。

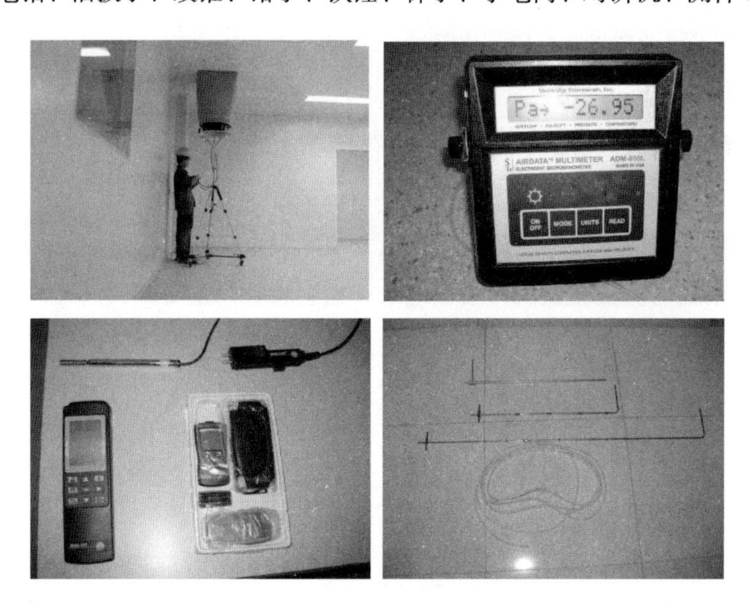

图 3-60　调试仪器仪表组图

（3）作业条件

通风空调系统必须安装完毕，运转调试之前会同建设单位进行全面检查，全部符合设计、施工及验收规范和工程质量检验评定标准的要求后，方可进行运转和调试。

通风空调系统运转所需用的电气照明等，应具备使用条件，现场清理干净。

运转调试之前做好下列工作准备：

应有运转调试方案，内容包括调试系统编号、时间进度计划、调试项目，程序和采取的方法等；按运转调试方案，备好仪表和工具及调试记录表格；熟悉通风空调系统的全部设计资料，计算状态参数，领会设计意图，掌握风管系统、电系统的工作原理。风道系统的调节阀、防火阀、送风口和回风口内的阀板、叶片应在开启的工作状态位置。

通风空调系统风量调试之前，应对风机单机进行试运转，设备完好并符合设计要求后，方可进行调试工作。

3.6.2.4 调试操作工艺

调试工艺流程图如图 3-61 所示。

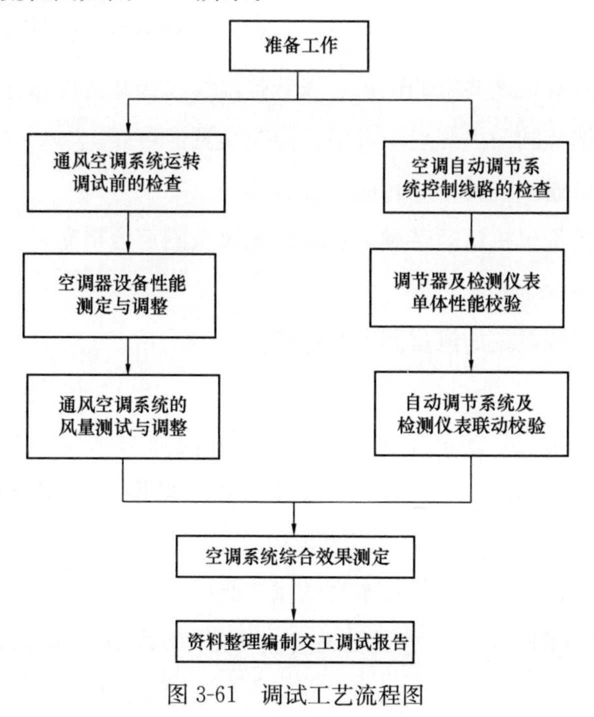

图 3-61 调试工艺流程图

（1）准备工作

熟悉空调系统设计图纸和有关技术文件，室内外空气计算参数，风量、冷热负荷、恒温精度要求等，弄清送（回）风系统、供冷和供热系统、自动调节系统的全过程。

绘制通风空调系统的透视示意图。

调试人员会同设计、施工和建设单位深入现场，查清空调系统安装质量不合格的地方，查清施工与设计不符的地方，记录在缺陷明细表中，限期修改完。

备好调试所需的仪器仪表和必要工具，消除缺陷明细表中的各种问题。电源、水源、冷源、热源准备就绪后，即可按计划进行运转和调试。

（2）通风空调系统运转前的检查

核对通风机、电动机的型号、规格是否与设计相符。

检查地脚螺栓是否拧紧、减振台座是否水平，皮带轮或联轴器是否找正。

检查轴承处是否有足够的润滑油，加注润滑油的种类和数量应符合设备技术文件的规定。

检查电机及有接地要求的风机、风管接地线连接是否可靠。

检查风机调节阀门，开启应灵活、定位装置应可靠。

风机启动可连续运转，运转应不少于 2h。

通风空调设备单机试运转和风管系统漏风量测定合格后，方可进行系统联动试运转，并不少于 8h。

（3）通风空调系统的风量测定与调整

1）准备工作

按工程实际情况，绘制系统单线透视图，应标明风管尺寸，测点截面位置，送（回）风口的位置，同时标明设计风量、风速、截面面积及风口外框面积，如图 3-62 所示。

开风机之前，将风道和风口本身的调节阀门置于全开位置，三通调节阀门放在中间位置（图 3-63），空气处理室中的各种调节门也应放在实际运行位置。

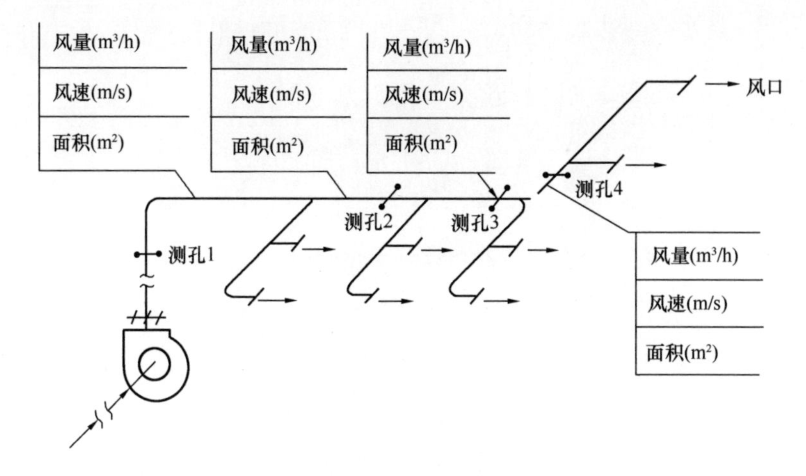

图 3-62　系统单线透视图

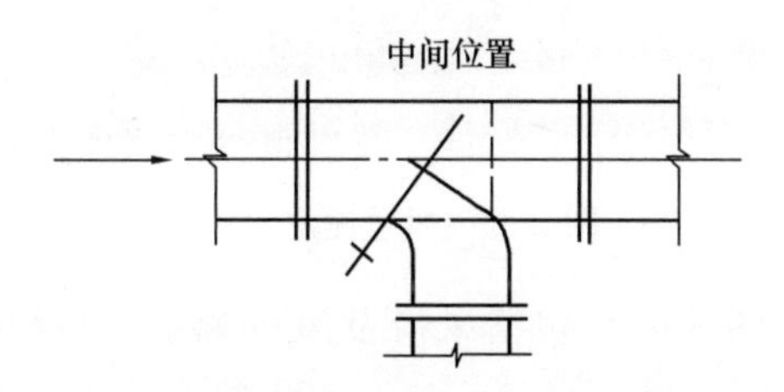

图 3-63　三通阀门位置

开启风机进行风量测定与调整，先粗测总风量是否满足设计风量要求，做到心中有数，有利于下一步调试工作。

2）开始工作

干管和支管的风量可用毕托管进行测试。对送（回）风系统调整采用“流量等比分配法”或“基准风口调整法”等，从系统的最远、最不利的环路开始，逐步调向通风机。风口风量测试可用罩式风速仪，用定点法或匀速移动法测出平均风速，计算出风量。测试次数不少于 3 次。

系统风量调整平衡后，应达到：风口的风量、新风量、排风量、回风量的实测值与设计风量的允许值不大于 10%；新风量与回风量之和应近似等于总的送风量或各送风量之和；总的送风量应略大于回风量与排风量之和。

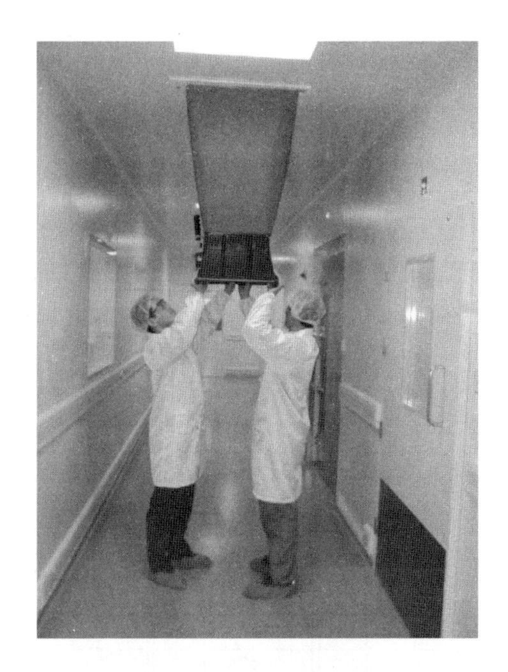

图 3-64　风量测定照片

系统风量测定（图 3-64）包括风量及风压测定，系统总风压以测量风机前后的全压差为准；系统总风量以风机的总风量或总风的风量为准。

3）系统风量测试调整时应注意的问题

测点截面位置应选择在气流比较均匀稳定的地方，一般选在产生局部阻力之后 4～5 倍管径（或风管长边尺寸）以及局部阻力之前 1.5～2 倍管径（或风管长边尺寸）的直风管段上，如图 3-65 所示。

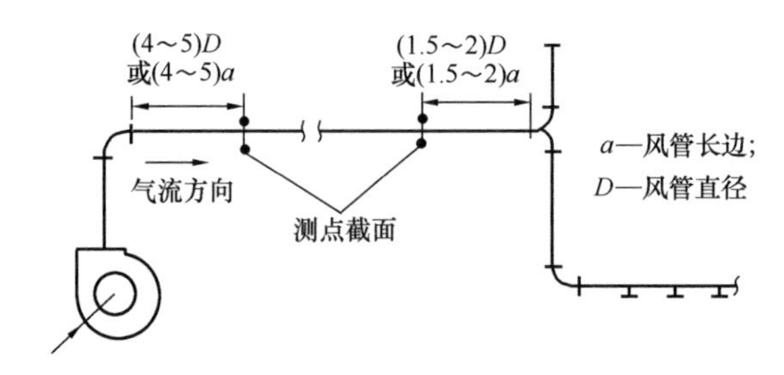

图 3-65　测点截面位置选择

在矩形风管内测定平均风速时，应将风管测定截面划分若干个相等的小截面使其尽可能接近于正方形；在圆形风管内测定平均风速时，应根据管径大小，将截面分成若干个面积相等的同心圆环，每个圆环应测量四个点。测点布置照片如图 3-66 所示。

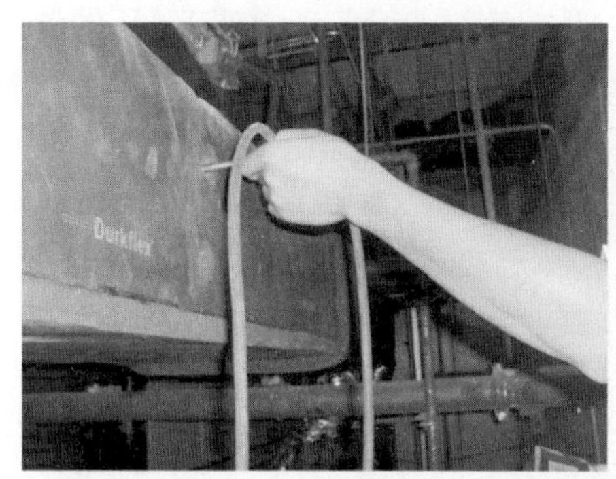

图 3-66 测点布置照片

没有调节阀的风道，如果要调节风量，可在风道法兰处临时加插板进行调节，风量调好后，插板留在其中并密封不漏。

空调系统综合效果测定是在各分项调试完成后，测定系统联动运行的综合指标是否满足设计与生产工艺要求，达不到规定要求时，应在测定中做进一步调整。

4）确定经过空调节器处理后的空气参数和空调房间工作区的空气参数

检验自动调节系统的效果，各调节元件设备经长时间的考核，系统可安全可靠地运行。

在自动调节系统投入运行条件下，确定空调房间工作区内可能维持的给定空气参数的允许波动范围和稳定性。空调系统连续运转时间，一般舒适性空调系统不得少于 8h；恒温精度在±1℃时，应在 8～12h；恒温精度在±0.5℃时，应在 12～24h；恒温精度在±0.1～±0.2℃时，应在 24～36h。

空调系统带生产负荷的综合效能试验的测定与调整，应由建设单位负责，施工和设计单位配合进行。

5）空调系统动态调节

空调系统动态主要包括系统房间正负压的调节，这主要是通过调节回风或者排风来实现的。一般药厂回风或者排风系统会设置定风量调节阀 CAV 或者变风量调节阀 VAV，如图 3-67 所示。一般先将 CAV 设置在可调的范围内通过 VAV 自己动作来调节房间压力，通过已校核过的设备来微调 VAV 的调节按钮，进而使房间压力达到设定值。如果回风或者排风没有 VAV，则需要通过调试设备压差测试仪来调整回风阀的开度。

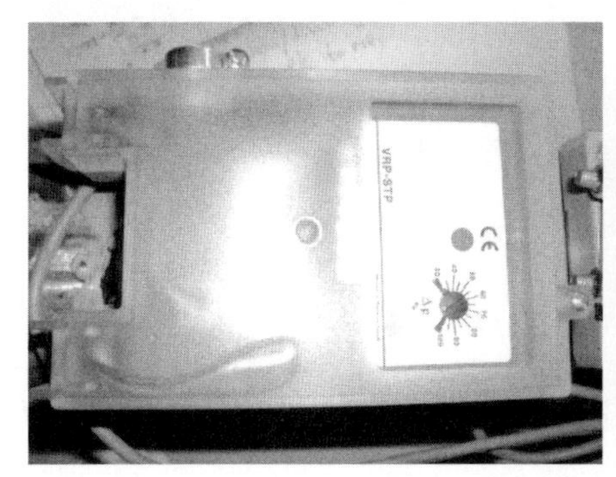

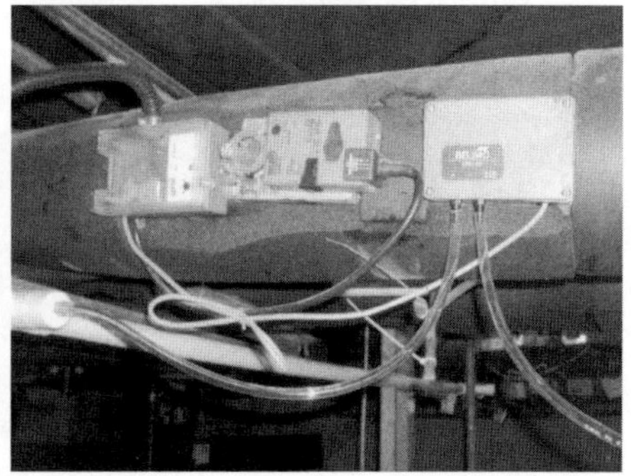

图 3-67　风量调节阀

6）资料整理编制交工调试报告

将测定和调整后的大量原始数据进行计算和整理，应包括下列内容：通风或空调工程概况；电气设备及自动调节系统设备的单体试验及检测、信号，连锁保护装置的试验和调整数据；空调处理性能测定结果；系统风量调整结果；综合效果测定结果；对空调系统做出结论性的评价和分析。

3.6.2.5　调试质量标准

（1）一般规定

系统调试所使用的测试仪器和仪表，性能应稳定可靠，其精度等级及最小分度值应能满足测定的要求，并应符合国家有关计量法规及检定规程的规定。

通风与空调工程的系统调试，应由施工单位负责、监理单位监督，设计单位与建设单位参与和配合。系统调试的实施可以是施工企业本身，也可以委托给具有调试能力的其他单位。

系统调试前，承包单位应编制调试方案，报送专业监理工程师审核批准；调试结束后，必须提供完整的调试资料和报告。

通风与空调工程系统无生产负荷的联合试运转及调试，应在制冷设备和通风与空调设备单机试运转合格后进行。空调系统带冷（热）源的正常联合试运转不应少于 8h，当竣工季节与设计条件相差较大时，仅做不带冷（热）源试运转。通风、除尘系统的连续试运转不应少于 2h。

净化空调系统运行前应在回风、新风的吸入口处和粗、中效过滤器前设置 G4 过滤器，实行对系统的保护。净化空调系统的检测和调整，应在系统进行全面清扫，且已运行 24h 及以上达到稳定后进行。

（2）主控项目

1）通风与空调工程安装完毕，必须进行系统的测定和调整（简称调试）。系统调试应包括下列项目：设备单机试运转及调试；系统无生产负荷下的联合试运转及调试。

检查数量：全数。

检查方法：观察、旁站、查阅调试记录。

2）设备单机试运转及调试应符合下列规定：

通风机、空调机组中的风机，叶轮旋转方向正确、运转平稳、无异常振动与声响，其电机运行功率应符合设备技术文件的规定；在额定转速下连续运转 2h 后，滑动轴承外壳最高温度不得超过 70℃；滚动轴承不得超过 80℃。

制冷机组、单元式空调机组的试运转，应符合设备技术文件和现行国家标准《制冷设备、空气分离设备安装工程施工及验收规范》GB 50274 的有关规定，正常运转不应少于 8h。

电控防火、防排烟风阀（口）的手动、电动操作应灵活、可靠，信号输出正确。

检查数量：第 1 款按风机数量抽查 10%，且不得少于 1 台；第 2、3、4 款全数检查；第 5 款按系统中风阀的数量抽查 20%，且不得少于 5 件。

检查方法：观察、旁站、用声级计测定、查阅试运转记录及有关文件。

3）系统无生产负荷的联合试运转及调试应符合下列规定：

系统总风量调试结果与设计风量的偏差不应大于10%。

空调冷热水、冷却水总流量测试结果与设计流量的偏差不应大于10%。

舒适空调的温度、相对湿度应符合设计的要求。恒温、恒湿房间室内空气温度、相对湿度及波动范围应符合设计规定。

检查数量：按风管系统数量抽查10%，且不得少于1个系统。

检查方法：观察、旁站、查阅调试记录。

4）防排烟系统联合试运行与调试的结果（风量及正压），必须符合设计与消防的规定。

检查数量：按总数抽查10%，且不得少于2个楼层。

检查方法：观察、旁站、查阅调试记录。

5）净化空调系统还应符合下列规定：

单向流洁净室系统的系统总风量调试结果与设计风量的允许偏差为0～20%，室内各风口风量与设计风量的允许偏差为15%，新风量与设计新风量的允许偏差为10%。

单向流洁净室系统的室内截面平均风速的允许偏差为0～20%，且截面风速不均匀度不应大于0.25，新风量和设计新风量的允许偏差为10%。

相邻不同级别洁净室之间和洁净室与非洁净室之间的静压差不应小于5Pa，洁净室与室外的静压差不应小于10Pa。

室内空气洁净度等级必须符合设计规定的等级或在商定验收状态下的等级要求。高于或等于5级的单向流洁净室，在门开启的状态下，测定距离门0.6m室内侧工作高度处空气的含尘浓度，亦不应超过室内洁净度等级上限的规定。

检查数量：调试记录全数检查，测点抽查5%，且不得少于1点。

检查方法：检查、验证调试记录，按规范进行测试校核。

（3）一般项目

1）设备单机试运转及调试应符合下列规定：

水泵运行时不应有异常振动和声响、壳体密封处不得渗漏、紧固连接部位不应松动、轴封的温升应正常；在无特殊要求的情况下，普通填料泄漏量不应大于 60mL/h，机械密封的不应大于 5mL/h。

风机、空调机组、风冷热泵等设备运行时，产生的噪声不宜超过产品性能说明书的规定值。

检查数量：第 1、2 款抽查 20%，且不得少于 1 台；第 3 款抽查 10%，且不得少于 5 台。

检查方法：观察、旁站、查阅试运转记录。

2）通风工程系统无生产负荷联动试运转及调试应符合下列规定：

系统联动试运转中，设备及主要部件的联动必须符合设计要求，动作协调、正确，无异常现象。

系统经过平衡调整，各风口或吸风罩的风量与设计风量的允许偏差不应大于 15%。

3）空调工程系统无生产负荷联动试运转及调试还应符合下列规定：

空调工程水系统应冲洗干净、不含杂物，并排除管道系统中的空气；系统连续运行应达到正常、平稳；水泵的压力和水泵电机的电流不应出现大幅波动。系统平衡调整后，各空调机组的水流量应符合设计要求，允许偏差为 20%。

各种自动计量检测元件和执行机构的工作应正常，满足建筑设备自动化（BA、FA 等）系统对被测定参数进行检测和控制的要求。

多台冷却塔并联运行时，各冷却塔的进、出水量应达到均衡一致。

空调室内噪声应符合设计规定要求。

有压差要求的房间、厅堂与其他相邻房间之间的压差，舒适性空调正压为 0～25Pa；工艺性的空调应符合设计的规定。

有环境噪声要求的场所，制冷、空调机组应按现行国家标准《采暖通风与空气调节设备噪声声功率级的测定　工程法》GB/T 9068 的规定进行测定，洁净室内的噪声应符合设计的规定。

检查数量：按系统数量抽查10%，且不得少于1个系统或1间。

检查方法：观察、用仪表测量检查及查阅调试记录。

4）通风与空调工程的控制和监测设备，应能与系统的检测元件和执行机构正常沟通，系统的状态参数应能正确显示，设备连锁、自动调节、自动保护应能正确动作。

检查数量：按系统或监测系统总数抽查30%，且不得少于1个系统。

检查方法：旁站观察，查阅调试记录。

3.6.2.6 成品保护

通内空调机房的门、窗必须严密，应设专人值班，非工作人员严禁入内，工作需要进入时，应由保卫部门发放通行工作证方可进入。风机、空调设备动力的开动、关闭，应配合电工操作，坚守工作岗位。系统风量测试调整时，不应损坏风管保温层。调试完成后，应将测点截面处的保温层修复好，测孔应堵好，调节阀门固定好，画好标记以防变动。自动调节系统的自控仪表元件，控制盘箱等应做特殊保护措施，以防电气自控元件丢失及损坏。空调系统全部测定调整完毕后，及时办理交接手续，由使用单位运行启用，负责空调系统的成品保护。空调系统调试时，不得踩、踢、攀、爬管线（设备等），不得破坏管线、设备的外保护（保温）层。空调系统调试完毕后，应在各调节阀的阀位处做好标记，避免有人随便乱调。

3.6.2.7 应注意的质量问题

通风空调系统调试后产生的问题和解决办法见表3-13。

通风空调系统调试后产生的问题和解决方法　　表3-13

序号	产生的问题	原因分析	解决办法
1	实际风量过大	系统阻力偏小	调节风机风板或阀门，增加阻力
		风机有问题	降低风机转速，或更换风机
2	实际风量过小	系统阻力偏大	放大部分管段尺寸，改进部分部件，检查风道或设备有无堵塞

续表

序号	产生的问题	原因分析	解决办法
2	实际风量过小	风机有问题	调紧传动皮带，提高风机转速或改换风机
		漏风	堵严法兰接缝、人孔，检查门或其他存在的漏缝
3	气流速度	风口风速过大，送风量过大，气流组织不合理	改大送风口面积，减少送风量，改变风口形式或加挡板使气流组织合适
4	噪声超过规定	风机、水泵噪声传入，风道风速偏大，局部部件引起，消声器质量不好	做好风机平衡，风机和水泵的隔振；改小风机转速；放大风速偏大的风道尺寸；改进局部部件；在风道中增贴消声材料

3.6.2.8 质量记录

预检记录。

风（烟）道检查记录。

现场组装除尘器，空调漏风检测记录。

风管漏风检测记录。

各房间室内风量测量数据表。

管网风量平衡记录表。

空调系统试验调整报告。

一般通风系统试运行记录。

设备安装工程单机试运转记录。

暖卫通风空调工程设备系统运转试验记录表。

3.6.2.9 安全标准

凡参与空调调试的有关人员，在调试前应由专业技术人员进行安全技术交底，让施工人员了解施工作业过程中的危险源及应采取的应急响应措施。

调试过程应明确专人指挥，统一协调，专人操作，无关人员不得进入调试区域；调试过程配置对讲机，各层调试人员保持通信联系。

试验人员应充分了解被试验设备和所用试验设备、仪器的性能。严禁使用有缺陷及有可能危及人身或设备安全的设备。

进行系统调试工作前，应全面了解系统设备状态。对与已运行设备有联系的系统进行调试应办理工作票，同时采取隔离措施，必要的地方应设专人监护。

凡属试运范围内的设备及系统，除当班运行人员根据运行规程进行操作、维护及事故处理外，其他人员一律不得擅自操作。

在开启空调机组前，一定要仔细检查，以防杂物损坏机组，调试人员不应立于风机的进风方向。

所使用的梯子不得缺档，不得垫高使用，下端要采取防滑措施。

在调试过程中所用完的电池要按固体废弃物的管理规定处理，不得随意丢弃。

在使用水银温度计时，一定要严格遵守操作规程，轻拿轻放，以免破碎后的水银污染环境。

3.6.3 洁净厂房的低压配电及照明

3.6.3.1 洁净厂房的配电及安装

（1）配电电源

通常情况下，洁净厂房和为洁净厂房服务的辅助设施采用二路 10kV 供电，在只有一路 10kV 供电时，还会配备有一定容量的柴油发电机组做备用电源。低压配电电压常采用 220V/380V，带电导体的形式采用单相二线制、三相三线制和三相四线制。低压配电系统接地形式采用 TN-S 或 TN-C-S 系统。

（2）洁净厂房的低压配电方式

归纳起来，洁净厂房的低压配线布置方式，见表 3-14。

洁净厂房的低压配线方式　　表 3-14

配电方式	适用范围	配电做法	特点	备注
厂房上部配线	ISO8 级（10万级）及以下等级的厂房，没有上下技术夹层，而设有吊顶	电缆（桥架敷设）至配电箱，配电箱至用电设备		
		封闭式母线槽＋插接箱（插孔不用时封堵），由插接箱至生产设备（包括生产线）的电控箱。母线槽在生产线上方贯通布置	当生产产品变化、生产设备移位、生产流水线革新时，只需将母线插接箱移位或利用备用插接箱引出电源线缆即可	对洁净度要求不高的电子、通信、电工器件及其整机厂房中广泛采用
洁净厂房上技术夹层配线	洁净厂房上部设有上技术夹层或上部设有吊顶	上技术夹层或上部吊顶内配线至生产设备。当管线交叉时，强电电缆桥架要避让空调风管，其他管线要避让封闭式母线		线缆穿过吊顶处必须进行密封处理，防止吊顶内灰尘和细菌等进入洁净室，并维持洁净室的正压
洁净厂房下技术夹层配线	洁净度要求严格的洁净室	管线、电缆、母线敷设在回风静压室内	线缆输送距离短，洁净厂房内电气管线少或没有明敷管线，利于提高洁净度	见图 3-68。线缆敷设前要进行清洁处理
洁净厂房上下技术夹层配线	洁净度要求严格的洁净室		线缆输送距离短，利于提高洁净度	见图 3-69

（3）洁净厂房内的配电设备

洁净厂房的小型动力设备、照明箱、就地操作箱、电气操作柱、插座箱、插座、终端开关等，均应选择不易积尘，便于擦拭的小型暗装设备。洁净厂房内的大型配电屏、配电箱一般安装在技术夹层、技术夹道或毗邻的洁净度较低或无洁净度要求的房间内，均不设置在洁净室内。洁净室的电源进线切断装置一般也设在洁净区外。

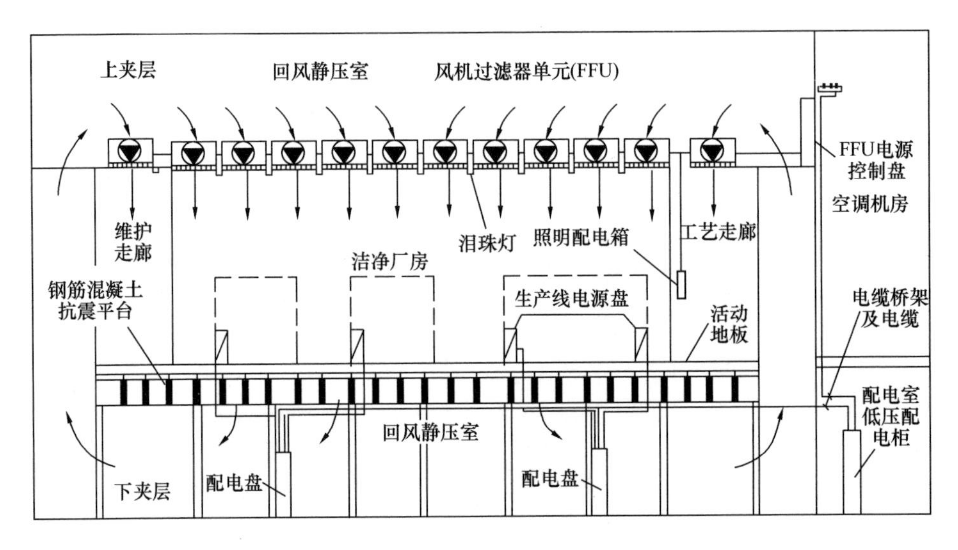

图 3-68　下技术夹层电气配线示意图

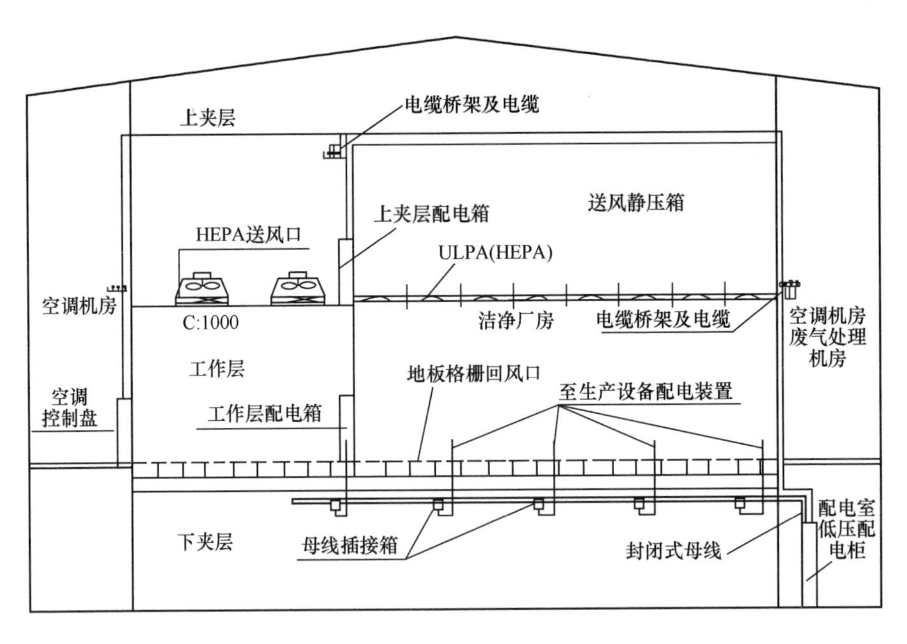

图 3-69　上下技术夹层电气配线示意图

洁净厂房内的插座、开关等常选用防水密闭型，嵌墙式安装。

进出终端电器的线缆管常采用镀锌钢管，管道穿墙处必须进行密封处理。

洁净厂房内的电气管线宜暗敷，管材采用不燃材料，不采用塑料管。洁净区的电气管线管口及安装于墙上的各种电气设备与墙体接缝处应有可靠的密封措施。

3.6.3.2 洁净厂房的电气照明及灯具安装

（1）洁净厂房照明灯具的形式及构造

洁净厂房内的电气照明十分重要的要求是重视灯具的选择、安装的气密性、方便维修和安装，并不得对洁净厂房产生污染，同时设置备用照明和疏散照明。

洁净厂房的照明灯具应气密性好，在顶棚上安装的构造及密封方法可靠；灯具材料不易产生静电；灯具表面应光滑，外形凹凸面少，一般采用高效荧光灯，洁净厂房内常用照明灯具形式及构造见表 3-15。

洁净厂房内常用照明灯具形式及构造　　表 3-15

洁净度	照明灯具形式	构造做法	形状（断面图）
ISO8 级（100000 级）	吸顶型	在有照明灯具安装孔、电源孔等骨架上，全部加垫橡胶垫，防止来自顶棚的尘埃侵入	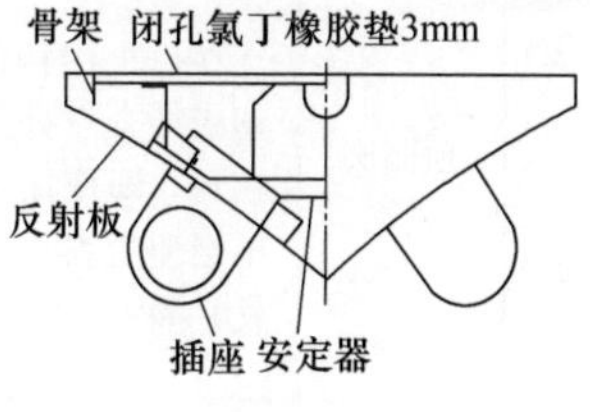 骨架　闭孔氯丁橡胶垫3mm 反射板 插座 安定器
	顶棚嵌入型	将顶棚切口的周边，与照明灯具凸缘之间，灯罩下部透明玻璃支托的凸缘上，全部用橡胶垫封住	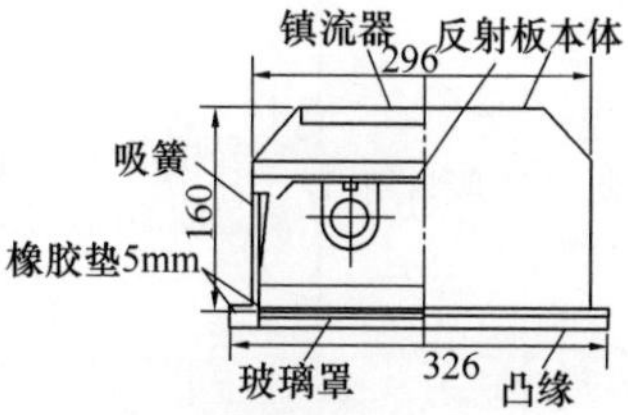 镇流器　296　反射板本体 吸簧　160 橡胶垫5mm 玻璃罩　326　凸缘

续表

洁净度	照明灯具形式	构造做法	形状（断面图）
ISO7级（10000级）	吸顶型	在有照明灯具安装孔、电源孔等骨架上，全部加垫橡胶垫，防止来自顶棚的尘埃侵入	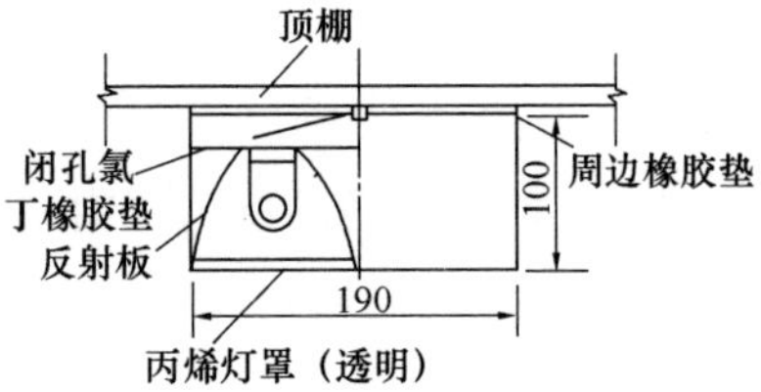 顶棚 闭孔氯丁橡胶垫 反射板 100 周边橡胶垫 190 丙烯灯罩（透明）
	顶棚嵌入型	顶棚切口周边与灯具本体之间间隙，在安装时，用填缝材料做现场密封处理，为使透明玻璃罩框架与本体组合密封更可靠，用滚花螺钉拧紧加固	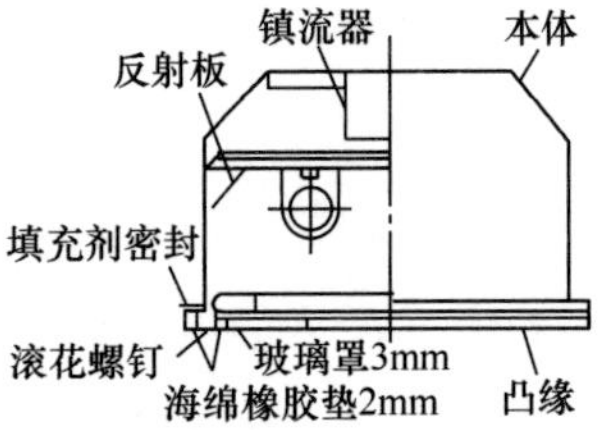 镇流器 本体 反射板 填充剂密封 滚花螺钉 玻璃罩3mm 海绵橡胶垫2mm 凸缘
ISO6级（1000级）	吸顶型	在有照明灯具安装孔、电源孔等骨架上，全部加垫橡胶垫，防止来自顶棚的尘埃侵入	同ISO7级吸顶型
	顶棚嵌入型	在以上结构的基础上，在各钢板接合点处用填缝材料进行密封，即使加上若干压力，也不会使尘埃由本体（顶棚嵌入处）漏入	同ISO7级吸顶型
ISO1级～5级（1～100级）	吸顶型	采用泪珠式灯具，安装于高效过滤器铝合金框架下侧	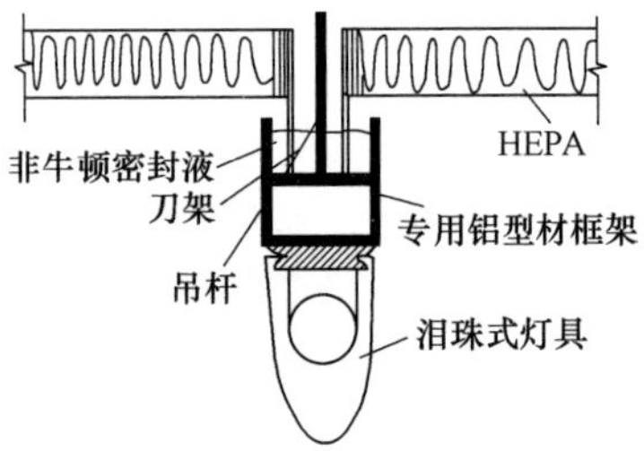 HEPA 非牛顿密封液 刀架 专用铝型材框架 吊杆 泪珠式灯具

（2）洁净厂房内的配电设备

洁净灯具的安装，在采用金属壁板顶棚时，一般有上开启式或下开启式。所谓上开启/下开启是指在顶棚上/下更换灯管及检修。无论是何种形式的灯具，都须对安装缝隙进行可靠的密封，防止顶棚内的非洁净空气漏入洁净厂房内。

洁净度等级 ISO1 级～5 级的洁净厂房一般采用垂直单向流，顶棚为密布高效过滤器（HEPA）或超高效过滤器（ULPA）或风机过滤单元（FFU），较多采用泪珠式荧光灯，在高效过滤器专用铝型材框架下侧安装，对所流流型影响较小，泪珠式灯具与高效过滤器在顶棚上的布置示例如图 3-70 所示；泪珠式灯具与高效过滤器安装大样剖面如图 3-71 所示。

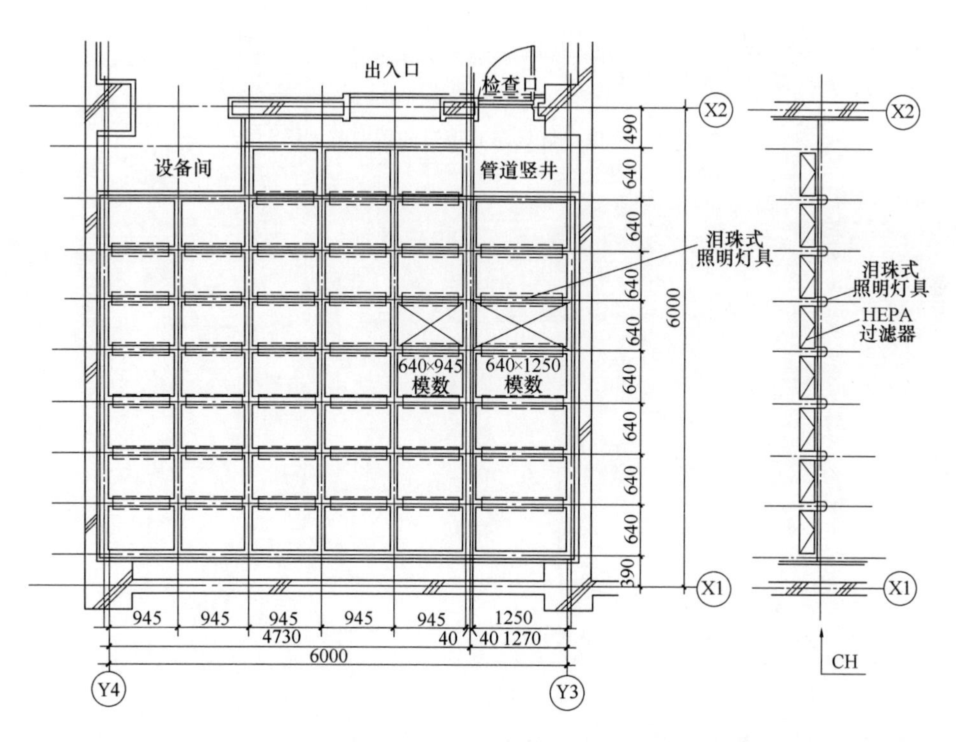

图 3-70 泪珠式灯具与高效过滤器在顶棚上的布置示例

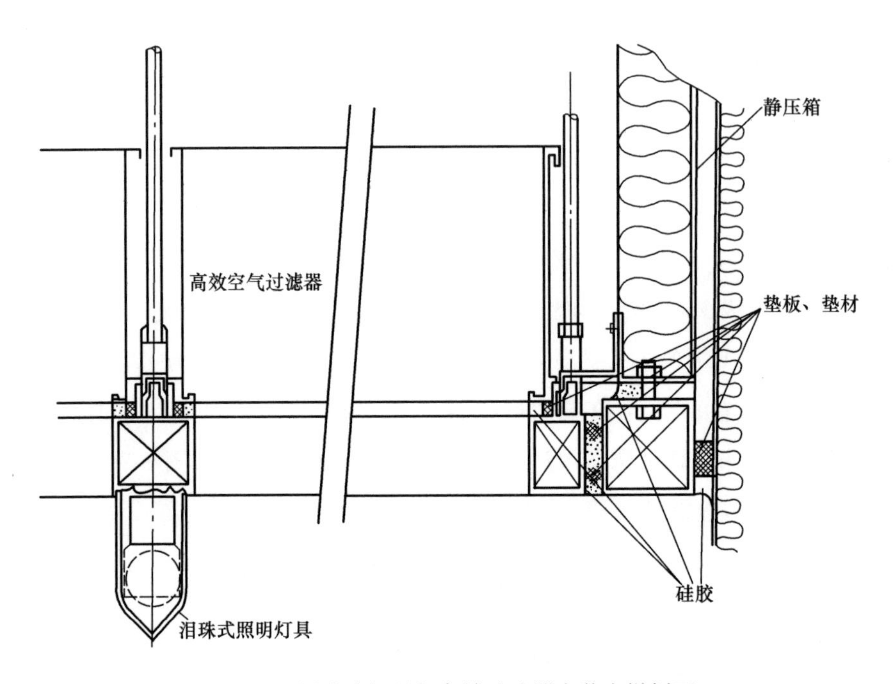

图 3-71　泪珠式灯具与高效过滤器安装大样剖面

4 专项技术研究

4.1 洁净厂房锅炉安装技术

蒸汽是制药企业生产中采用的主要能源，用于生产纯净水、注射用水、纯蒸汽、高温发酵、高温消毒、热力灭菌等工艺过程。蒸汽的品质、参数的稳定在药品制造工艺流程中相当重要，细微的变化也能造成药品次品、不合格品甚至废品，所以，制药厂锅炉安装质量的好坏直接影响锅炉及整个药厂的经济、安全运行。

制药蒸汽按各自的水源分为公用蒸汽和清洁蒸汽两种。

公用蒸汽在普通车间公用锅炉中生成；一般制药厂使用快装蒸汽锅炉，也有不少大型制药厂采用散装蒸汽锅炉。

公用蒸汽又分饱和蒸汽和过热蒸汽两种，考虑到使用效果及节能效果，药厂更多使用饱和蒸汽。例如，制药工艺中蒸汽灭菌时，悬挂装置中蒸汽夹带水可引起湿荷载，过热蒸汽效果大大低于饱和蒸汽，所以必须在使用点连续供给干饱和蒸汽。

清洁蒸汽在专门设计的非防火发生器中生成，或者从不使用防锈或防腐添加剂的多效蒸馏釜第一效应中生成。发生器输入预热水，旨在去除有助于锈蚀或腐蚀的物质。发生器建造材料是不含抗腐蚀剂的耐汽蚀材料。

清洁蒸汽的生产设备先进、可靠，但设备安装工艺相对简单，一般均为整体安装，现场调试基本由设备制造厂家及制药厂负责，本文内容不做论述。而整装锅炉本体安装工艺也相对简单，故本书以散装锅炉安装为主进行锅炉安装技术的阐述。

4.1.1 工艺流程

锅炉安装工艺流程如图 4-1 所示。

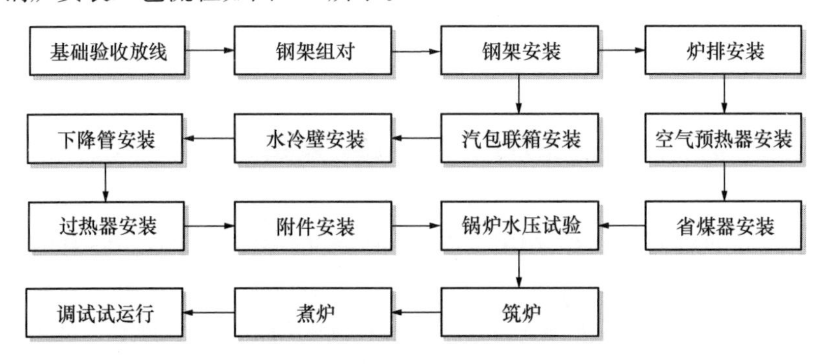

图 4-1 锅炉安装工艺流程

4.1.2 施工程序

4.1.2.1 基础清理、验收和放线

1）清理

清除基础面上的尘土、杂物和地脚螺栓孔内的积水和脏物。

用水准仪和钢卷尺复查基础位置、标高及几何尺寸，其允许偏差见表 4-1。

锅炉基础尺寸允许偏差　　表 4-1

项次	项目		允许偏差（mm）
1	基础坐标位置（纵、横轴线）		20
2	不同平面的标高		0/−20
3	基础上平面外形尺寸		±20
	基础凸台上平面外形尺寸		0/−20
	基础凹穴尺寸		+20/0
4	基础上平面的不水平度	每米	5
		全长	10
5	竖向偏差	每米	5
		全高	20

续表

项次	项目		允许偏差（mm）
6	预埋地脚螺栓	标高（顶端）	+20/0
		中心距（根部和顶部两处测量）	±2
7	预埋地脚螺栓孔	中心位置	10
		深度	+20/0
		每米孔壁铅垂度	10
8	预埋活动地脚螺栓锚板	标高	+20/0
		中心位置	5
		不水平度（带槽的锚板）	5
		不水平度（带螺纹孔的锚板）	2

2）放线

纵向基准中心线：在炉前和炉后，按钢架的对称中心放出。

横向基准中心线：过钢架前立柱中心放出垂直于纵向基准中心线的横向基准中心线。

标高基准线：在基础的四周确定1m高点（如立柱柱脚、炉排传动前后轴位置、省煤器架脚）做标记，用水准仪测出标高，其误差不得超过1mm。

按各个基础面的相对标高情况，确定标高基准，然后放出标高线。

4.1.2.2 钢架安装

构件的矫正：钢架组装质量的好坏，将直接影响上下锅筒的定位准确和筑炉的外形尺寸，组立前应对单独构件进行检查，超出允许偏差应予纠正。锅炉钢构架组合件的允许偏差见表4-2。

锅炉钢构架组合件的允许偏差 **表4-2**

序号	检查项目	允许偏差（mm）
1	各立柱间距离①	间距的1/1000，且不大于10
2	各立柱间的平行度	长度的1/1000，且不大于10
3	横梁标高②	±5
4	横梁间平行度	长度的1/1000，且不大于5

续表

序号	检查项目	允许偏差（mm）
5	组合件相应对角线	长度的 1.5/1000，且不大于 15
6	横梁与中心线相对错位	±5
7	护板框内边与立柱中心线距离	0～+5
8	顶板的各横梁间距③	±3
9	平台支撑与立柱、桁架、护板框架等的垂直度	长度的 2/1000
10	平台标高	±10
11	平台与立柱中心线相对位置	±10

注：① 支承式结构的立柱间距离以正偏差为宜。
② 支承汽包、省煤器、再热器、过热器和空气预热器的横梁的标高偏差应为−5～0mm；刚性平台安装要求与横梁相同。
③ 悬吊式结构的顶板各横梁间距是指主要吊孔中心线间的间距。

钢架吊装，可视现场具体情况，逐件进行吊装或先在平地组合成装配件吊装。立柱单根吊装时，为便于下一步横梁的组装，应在与横梁的接口位置处焊以短角钢作撑脚用。

利用房架吊装钢构件，必须经过计算，拟定吊装方案后，征得厂方或设计单位同意，并应有利用建筑物的技术核定单。

钢架的调整及测量：组立后的钢架，必须调整立柱的垂直度、横梁的水平度、各构件的位置尺寸以及水平面和垂直面内立柱对角线误差。钢构架安装允许偏差见表 4-3。

钢构架安装允许偏差　　表 4-3

序号	检查项目	允许偏差（mm）
1	柱脚中心与基础划线中心	±5
2	立柱标高与设计标高	±5
3	柱子上 1m 标高线与基准点高度差	±2
4	各立柱相互间标高差	3
5	各立柱间距离	间距的 1/1000，且不大于 10
6	立柱垂直度	高度的 1/1000，且不大于 10

续表

<table>
<tr><th>序号</th><th colspan="2">检查项目</th><th>允许偏差（mm）</th></tr>
<tr><td>7</td><td colspan="2">各立柱上、下两平面相应对角线</td><td>长度的1.5/1000，且不大于10</td></tr>
<tr><td rowspan="2">8</td><td colspan="2">支承锅筒横梁标高</td><td>−5～0</td></tr>
<tr><td colspan="2">其他横梁标高</td><td>±5</td></tr>
<tr><td rowspan="2">9</td><td colspan="2">支承锅筒横梁水平度</td><td>长度的1/1000，且不大于3</td></tr>
<tr><td colspan="2">横梁水平度</td><td>5</td></tr>
<tr><td>10</td><td colspan="2">护板框或桁架与立柱中心线距离</td><td>0～+5</td></tr>
<tr><td>11</td><td colspan="2">顶板的各横梁间距</td><td>±3</td></tr>
<tr><td>12</td><td colspan="2">顶板标高</td><td>±5</td></tr>
<tr><td>13</td><td colspan="2">大板梁的垂直度</td><td>立板高度的1.5/1000，且不大于5</td></tr>
<tr><td>14</td><td colspan="2">平台标高</td><td>±10</td></tr>
<tr><td>15</td><td colspan="2">平台与立柱中心线相对位置</td><td>±10</td></tr>
<tr><td rowspan="3">16</td><td rowspan="3">框架两对角线长度（框架边长）（mm）</td><td><2500</td><td>≤5</td></tr>
<tr><td>2500～5000</td><td>≤8</td></tr>
<tr><td>>5000</td><td>≤10</td></tr>
</table>

钢架焊接的关键问题是防止或尽量减小焊接变形，应采用小电流对称焊和分散焊的焊接方法，不允许采用大电流的堆焊或一个接头一次焊完的方法。

钢架灌浆：钢架焊接后应复测尺寸，合格后方可灌浆。灌浆时，混凝土的强度、配合比应符合设计要求；立柱底板与基础面间的灌浆层厚度不宜小于50mm；当立柱与预埋钢板需要焊固时，必须焊固后再灌浆。

4.1.2.3 锅筒、集箱安装

检查：首先应检查锅筒、集箱各部位是否有撞伤，各焊口是否有裂纹；查明锅筒、集箱两端的水平和铅垂中心线标记及位置是否正确；并重点检查管孔的尺寸偏差和孔面的光洁情况。

支座安装：锅筒的固定支座和滑动支座根据图纸要求尺寸就位；滑动支座应留出锅筒热膨胀余量；支座与锅筒之间在安装时应垫以石棉板（或石棉绳）隔热层。

锅筒吊运：绑扎处必须加木垫保护锅筒。严禁用钢丝绳穿过管孔绑扎和起

吊。上锅筒的吊装应视施工具体情况，可选用下列方法：立人字抱杆或斜抱杆，采用起重机、加固钢架作吊头等。

悬挂锅筒的临时固定：双锅筒锅炉，其中仅一个锅筒有支座，另一个锅筒悬挂其上（或其下），悬挂锅筒就位时，应用工字钢作临时固定。临时固定支架的位置不得妨碍其他管系的安装。待上下锅筒之间的对流管胀接完成后，临时固定支架才可拆除。

锅筒、集箱的调整：用水平尺、连通器、钢板尺、尼龙线、钢丝、长度棒等工具，对锅筒、集箱的六个自由度（即上下、左右、前后方向及对 X 轴、Y 轴、Z 轴的转向）仔细地进行调整，相互之间的位置尺寸均不得超过允许偏差（表 4-4）。

锅筒、集箱安装的允许偏差　　表 4-4

序号	检查项目	允许偏差（mm）
1	主锅筒的标高	±5
2	锅筒纵、横向中心线与安装基准线的水平方向距离	±5
3	锅筒、集箱全长的纵向水平度	2
4	锅筒全长的横向水平度	1
5	上、下锅筒之间水平方向距离和垂直方向距离	±3
6	上锅筒与上集箱的轴心线距离	±3
7	上锅筒与过热器集箱的距离、过热器集箱间的距离	±3
8	上、下集箱之间的距离、集箱与相邻立柱中心距离	±3
9	上、下集箱横向中心线相对位移	2
10	锅筒横向中心线和过热器集箱横向中心线相对偏移	3

注：锅筒纵、横向中心线两端所测距离的长度之差不应大于 2mm。

4.1.2.4 焊接及胀管

锅炉本体管路管焊接和胀接是锅炉安装的技术核心。

焊接工艺在锅炉安装行业内比较成熟，施工的关键就是做好焊接工艺评定、选择合理的焊接材料、焊接工艺和施焊顺序，控制好焊接变形和焊接质量，在这里不再详述。锅炉胀管工艺也相对成熟，但不容易被工程技术人员和作业人员掌握，本节主要对胀管进行阐述。

(1) 放大样、校管

用钢板搭设校正管平台，并将各排管子按其位置进行编号，绘制与汽包相配序号图。

在平台上按锅炉厂锅炉图纸，将上、下汽包与各排管连接尺寸，按实际尺寸放出大样图，并沿线打上样冲眼，焊接固定夹板。

按管子位置，将管子放在夹板间校验，如与大样图不吻合，须校正合格。长度小于图纸应更换新管，长度大于部分应用切割机切除，严禁用火焰切割。

校验合格的管子，应逐一做通球试验，全部通过为合格。

(2) 管端部退火

应对汽包胀孔壁和管端进硬度检查，如管端硬度小于管孔硬度，管端可以不退火。

退火采用“铅溶法”间接加热。用焦炭火将铅熔化加热到600～650℃(不得超过700℃)。

将需退火管端插入铅锅内，浸10～15min取出，插入干燥石灰槽中缓慢冷却。退火长度为100～150mm。

未退火中的另一端一定要堵塞，防止热空气对流，退火后切勿管端见水或水汽。

(3) 管端打磨

采用电动打磨机打磨，管端打磨长度不少于管孔厚度加50mm，打磨量不得小于管壁厚的90%。

打磨后管端呈金属光泽，不得起皮、凹痕夹层、裂纹、纵向刻痕等，保持圆柱度。

按编号测量和记录好打磨前和打磨后的内外径尺寸。

(4) 管孔处理

将管孔内的防锈油及污垢清洗干净，将锈迹用细砂纸打磨干净。

管孔的椭圆度、圆柱度应符合要求，孔壁不允许有纵向刻痕和环形刻痕。

用内径千分尺测量孔径，并按编号做记录。

(5) 胀管

胀管工作的环境温度应在0℃以上，防止胀口产生冷脆裂纹，如低于0℃，应采取措施提高环境温度。

正式胀管前，应用制造厂随机带来的与孔壁、管同一母材的加工后的试样进行试胀，以确定合理的胀管率和胀管值，使操作人员心中有数。

首先，从汽包两端挂两排基准管，然后根据对流管的不同长度和弯度，将管子按编号对号入座，先挂中间排，再由中间向两端逐渐挂管。

胀管可以采取内径控制法和外径控制法两种方法，但内径法相对容易操作和控制，测量频次相对较少，测量结果也相对准确，下面以内径控制法进行介绍。

内径控制法，胀管率计算公式为：

$$H_n = \frac{d_1 - d_2 - \delta}{d_3} \times 100\%$$

式中：H_n——胀管率；

d_1——胀完后的管子实测内径（mm)；

d_2——未胀时的管子实测内径（mm)；

d_3——未胀时的管子实测直径（mm)；

δ——未胀时管孔与管子实测外径之差（mm)。

胀管率应控制在1.3%～2.1%。

正式胀管与挂管顺序一样，先胀两端基准管，然后胀中间两排，再以中间向两端逐号对称进行胀接。

基准管一次胀接按标准欠胀0.3mm，待整个胀管完后，再补胀到标准要求。

翻边胀管工作应同时进行，翻边斜度为12°～15°。

胀管完，应复测胀口内径，确定补胀值。补胀次数不宜超过2次。

整个胀管工作最好由专人测量记录，专人胀接。胀接完后应做通球试验。

4.1.2.5 炉排安装

锅炉燃煤系统有链条炉排、往复炉排、振动炉排、手摇炉排、固定炉排等多种形式，其中以链条炉排最为常见，其安装方法和要求如下：

炉排安装前，应查看砌筑图，了解炉排下面的漏灰槽是否需要砌砖（或浇灌耐热混凝土），如因炉排安装将影响漏灰槽的砌筑，应事先砌砖（或浇灌耐热混凝土）。

检查炉排组件的尺寸偏差，凡超过允许偏差的组件应予纠正（表 4-5）。

链条炉排组装前的允许偏差 **表 4-5**

项次	项目		允许偏差（mm）
1	型钢构件的长度（m）	≤5	±2
		＞5	±4
2	型钢构件（每米）	直线度	长度的 1/1000，且全长应≤5
		旁弯度	
		挠度	
3	各链轮中分面与轴线中点间距离		±2
4	同一轴上的相邻两链轮其齿尖前后错位		2
5	同一轴上的任意两链轮其齿尖前后错位	横梁式	2
		鳞片式	4

墙板安装：应以前后中心线为基准安装墙板支座，同时安装上下导轨，按图纸要求确定墙板的位置尺寸。墙板的垂直度、两墙板的对角线差不得超过允许要求。

前后轴的安装：严格找好前后轴的平行度，是保护炉排正常运行的关键。轴的密封和轴承要检查、清洗、加油，应能用手自由盘动。前后轴的安装要求见表 4-6。

前后轴的安装要求 **表 4-6**

项次	项目	允许偏差（mm）
1	前后轴的不水平度	1/1000
2	前后轴的相对标高差	3
3	前后轴的不平行度	3
4	前后轴对角线差	5

链带及炉排片安装：链条安装前，应检查各链条长度是否一致，不等长度不超过 8mm。炉排片应按图纸的规定一排一排地顺序安装。全部装完后，炉排片应能自由翻转，无卡住现象，并应在冷态作 8h 的连续运转。

炉排安装应符合图纸技术要求和有关规范要求，留出热膨胀量。其安装允许偏差见表 4-7。

炉排安装的允许偏差 **表 4-7**

<table>
<tr><th>项次</th><th colspan="2">项目</th><th>允许偏差（mm）</th></tr>
<tr><td>1</td><td colspan="2">炉排中心位置</td><td>2</td></tr>
<tr><td>2</td><td colspan="2">左右支架墙板对应点高度</td><td>3</td></tr>
<tr><td>3</td><td colspan="2">墙板的垂直度（全高）</td><td>3</td></tr>
<tr><td rowspan="2">4</td><td rowspan="2">墙板间的距离</td><td>跨距≤5m</td><td>3</td></tr>
<tr><td>跨距>5m</td><td>5</td></tr>
<tr><td rowspan="2">5</td><td rowspan="2">墙板间两对角线的长度之差</td><td>跨距≤5m</td><td>4</td></tr>
<tr><td>跨距>5m</td><td>8</td></tr>
<tr><td>6</td><td colspan="2">墙板框的纵向位置</td><td>5</td></tr>
<tr><td>7</td><td colspan="2">墙板顶面的纵向水平度</td><td>长度的 1/1000，且不大于 5</td></tr>
<tr><td>8</td><td colspan="2">两墙板的顶面应在同一平面上，其相对高差</td><td>5</td></tr>
<tr><td>9</td><td colspan="2">前、后轴的水平度</td><td>长度的 1/1000，且不大于 5</td></tr>
<tr><td>10</td><td colspan="2">各轨道应在同一平面上，其平面度</td><td>5</td></tr>
<tr><td>11</td><td colspan="2">相邻两轨道间的距离</td><td>±2</td></tr>
</table>

续表

<table>
<tr><th>项次</th><th colspan="3">项目</th><th>允许偏差（mm）</th></tr>
<tr><td rowspan="3">12</td><td rowspan="3">鳞片式炉排</td><td>相邻</td><td rowspan="2">两导轨间上表面相对高度</td><td>2</td></tr>
<tr><td>任意</td><td>3</td></tr>
<tr><td colspan="2">相邻导轨间距</td><td>±2</td></tr>
<tr><td>13</td><td colspan="3">链带式炉排支架上摩擦板工作面的平面度</td><td>3</td></tr>
<tr><td rowspan="2">14</td><td rowspan="2">横梁式炉排</td><td colspan="2">前、后、中间梁之间高度</td><td>≤2</td></tr>
<tr><td colspan="2">上下轨道中心线</td><td>≤1</td></tr>
</table>

注：1. 墙板的检测点宜选在靠近前后轴或其他易测部位的相应墙板顶部，打冲眼测量。

2. 各导轨及链带式炉排支架上摩擦板工作面应在同一平面上。

炉排应在筑炉前，进行8h冷态试运转，炉排运行应平稳，无卡住、跑偏现象，声音无异常。

4.1.2.6 省煤器安装

（1）铸铁省煤器

铸铁省煤器安装前，宜逐根、逐组进行水压试验。每根铸铁省煤器上破损的翼片数不应大于该根省煤器管总翼片数的5%；整个省煤器中有破损翼片的根数不应大于总根数的10%；且每片损坏面积不应大于该片总面积的10%。铸铁省煤器支承架安装允许偏差见表4-8。

铸铁省煤器支承架安装允许偏差　　表4-8

项目	允许偏差
支承架的水平方向位置	±2
支承架的标高	−5～0
支承架的纵向和横向水平度	长度的1/1000

（2）组合省煤器

省煤器蛇形管组合、安装时，应先将联箱找正固定后安装基准蛇形管，基准蛇形管安装中，应仔细检查蛇形管与联箱管头对接情况和联箱中心距蛇形管端部的长度偏差，待基准蛇形管找正固定后再安装其余管排。省煤器组合安装允许偏差见表 4-9。

省煤器组合安装允许偏差　　　　表 4-9

项次	项目	允许偏差（mm）
1	组件宽度	±5
2	组件对角线差	10
3	联箱中心距蛇形管弯头端部长度	±10
4	组件边管垂直度	±5
5	边缘管与炉墙间隙	符合图纸要求

4.1.2.7　空气预热器安装

（1）管式空气预热器

管式空气预热器在安装前应检查管箱外形尺寸，并应清除管子内外的尘土、锈片等杂物，检查管子和管板的焊接质量，必要时进行渗油试验检验其严密性。吊装时，索具应绑扎在框架上，不要使管子受力而变形。安装膨胀节时，膨胀方向不要弄错，连接时应密封良好。管式空气预热器安装允许偏差见表 4-10。

管式空气预热器安装允许偏差　　　　表 4-10

项次	项目	允许偏差（mm）
1	支承框的水平方向位置偏差	±3
2	支承框的标高偏差	±5
3	预热器管箱的垂直度	1/1000，且≤5
4	支承框的上部水平度	3
5	管箱中心线与构架立柱中心线间的间距	±5
6	相邻管箱的中间管板标高	±5
7	整个管式空气预热器的顶部标高	±5
8	管箱上部对角线差	15
9	波形伸缩节冷拉值	按图纸规定值

插入式防磨套管与管孔配合时应紧密适当，一般以用手稍加用力即可插入为准，其露出高度应符合设计要求；对接式防磨套管应与管板平面相垂直，不

得歪斜，焊接应牢固且电焊数不得少于两点。

管式空气预热器安装结束后，与冷、热风道调试进行风压试验，应无泄漏；在锅炉机组启动前还应进行一次全面检查，管内不得有杂物、尘土堵塞。

（2）回转式空气预热器

分瓣式定子（或转子）组装后必须按照设备技术文件的规定进行连接固定，并磨平接口的错边；密封装置的调整螺栓应灵活好用，并有足够的调整余量；吹灰及冲洗装置的喷嘴与定子（或转子）端面任一点的距离不得小于设备技术文件规定的尺寸；传动围带的圆度应与定子（或转子）的圆度对应，销轴与传动齿的安装间隙应符合设备技术文件规定的尺寸。

（3）风罩回转空气预热器

定子水平度（在圆周上测量 8 点）允许偏差应符合设备技术文件的规定，允许偏差应符合表 4-11 的要求。

风罩回转空气预热器定子水平度允许偏差　　表 4-11

项次	项目	允许偏差（mm）
1	直径≤6.5m	≤3
2	6.5m<直径≤10m	≤4
3	10m<直径≤15m	≤5

风道伸缩节安装时，应使伸缩节连接角钢与密封面的距离一致，允许偏差应符合表 4-12 的要求。

伸缩节与密封面的间距允许偏差　　表 4-12

项次	项目	允许偏差（mm）
1	直径≤6.5m	≤6
2	6.5m<直径≤10m	≤8
3	10m<直径≤15m	≤10

伸缩节连接角钢与定子端面的距离应符合设备技术文件的规定，允许偏差不大于 4mm。

回转风罩外圆应与烟道内壁间隙均匀，转动时无摩擦现象；风道动、静部分的颈部接口应同心，同心度允许偏差不大于 3mm；上下端板组装的平整度允许偏差应符合表 4-13 的要求。

上下端板组装的平整度允许偏差　　表 4-13

项次	项目	允许偏差（mm）
1	直径≤6.5m	≤2
2	6.5m<直径≤10m	≤3
3	10m<直径≤15m	≤4

上下梁的水平度允许偏差不应大于 2mm。

转子安装应垂直，在主轴上端面测量，水平度允许偏差不大于 0.5mm，转子与外壳同心，同心度允许偏差不大于 3mm，且圆周间隙应均匀；上主轴与转子应同心，主轴与转子垂直度允许偏差应符合表 4-14 的要求。

主轴与转子垂直度允许偏差　　表 4-14

项次	项目	允许偏差（mm）
1	直径≤6.5m	≤1
2	直径>6.5m	≤2

轴向、径向和周界密封的冷态密封间隙应按设计文件规定的数值进行调整；折角板的安装方向必须符合转子的回转方向。

4.1.2.8　鼓、引风机和泵的安装

（1）风机安装

搬运吊装时，整体出厂的风机不得在转子和机壳上盖或轴承上盖的吊耳上捆绑绳索；解体出厂的风机的绳索捆绑不得损伤机件表面，转子和齿轮轴颈、测振部位均不应作为捆缚部位，转子和机壳的吊装应保持水平。

风机安装时应用成对斜垫铁找平，轴承箱与底座应紧密结合。

风机安装应符合下列要求：以转子为中心，其标高允许偏差为±10mm。纵、横中心线的偏差不大于 10mm；机壳本体应垂直，出入口的方位和角度应

正确；机壳进风斗和叶轮进风口的间隙应均匀，其轴向间隙（插入长度）偏差不大于 2mm，径向间隙符合设备技术文件的规定；整体安装的轴承箱的纵横向安装水平偏差不应大于0.10/1000，并应在轴承箱中分面上测量，纵向安装水平也可在主轴上测量。

左、右分开或轴承箱的纵、横向安装水平，以及轴承孔对主轴轴线在水平面的对称度应符合下列要求：每个轴承箱中分面的纵向安装水平偏差不应大于 0.04/1000，横向安装水平偏差不应大于 0.08/1000；主轴轴颈处的安装水平偏差不应大于 0.04/1000；轴承孔对主轴轴线在水平面内的对称度偏差不应大于 0.06mm，可测量轴承箱两侧密封径向间隙之差不应大于 0.06mm。

转子和机壳间的间隙，应按设备技术文件要求调整。无规定时，轴向插入深度应为叶轮外径的 10/1000；径向间隙应均匀，其间隙值宜为叶轮外径的 1.5/1000～3/1000。高温风机应预留热膨胀量。

电动机与离心通风机找正时，应符合下列要求：两个半联轴器之间的间隙应符合设备技术文件的规定；对具有滑动轴承的电动机，应在测定电动机转子的磁力中心位置后再确定联轴器间的间隙；联轴器的径向位移不应大于 0.025mm，轴线倾斜度不应大于 0.2/1000。

轴承的冷却润滑应良好，调风门机构应灵活，皮带轮和进风口应有网罩，以防异物进入或伤人。

（2）泵的安装

解体出厂的泵在安装前应对各零部件进行清洗检查，整体泵一般不拆洗，如确需拆洗的要在供货商代表在场时进行。

整体安装的泵，安装水平偏差纵向不应大于 0.1/1000，横向不应大于 0.2/1000，并应在泵的进出法兰面或其他水平面上测量；解体安装的泵，纵、横向安装水平偏差均不应大于 0.05/1000，并应在水平中分面、轴的外露部分、底座的水平加工面上测量。

4.1.2.9 管道、阀门、仪表安装

各种管路的安装皆应根据设计图纸的要求，确定走向，埋设支架。蒸汽管路的安装应有不小于 2/1000 的坡度，以利于冷凝水的排出。伸缩节的数量、尺寸应按设计要求制作；架设时，与支架的导槽位置应留有足够的膨胀间隙。

全部阀门均应清洗、试压，试压后应保护阀口，防止脏物进入。阀门的安装位置应考虑到操作的方便和拆卸维修的可能。丝扣阀门应在适当位置安装活接头。截止阀、单向阀、减压阀、疏水器等阀件的安装，还应根据技术要求确定方向，不能反装。安全阀在安装前，应进行检查。阀芯必须灵活，密封必须良好。排气管必须接出室外，以防排气时伤人；排气管的下部应接好放水管。蒸发量＞0.5t/h 的锅炉应有两个安全阀，其动作压力的调整在蒸汽严密性试验时进行。

压力表应垂直安装，其位置应便于观察。压力表必须经过检定，表下应有存水弯头和表阀。压力表管路不应保温，表盘的刻度值极限应为锅炉工作压力的 1.5～3 倍。水位计在安装前应检查汽水通路是否畅通，三通阀开关是否灵活、严密，水位刻度线是否清楚，防护罩是否可靠。温度计应装在便于观察、能代表被测介质温度的位置，不应装于管道和设备的死角。温度计应设有护套管。

管道的保温必须在管道试压完毕且刷上红丹底漆后进行。保温材料和保温结构应按设计要求选用。风烟安装时，应设专用支架，严禁将风烟管的重量加于风机；热风管应设伸缩节。

4.1.3 锅炉的水压试验

4.1.3.1 锅炉水压试验范围

锅炉本体范围内所有受热面承压部件。

锅炉给水系统。

下列系统一次阀门以内的受压管路及附属部件：所有排空系统、排汽、连续排污系统、加药、取样系统，疏水、事故放水、热工仪表及各测点、就地压力表、水位计等。

锅炉给水进口到蒸汽出口的汽水管道、阀部件以及相关的排水管、仪表管应打开第一道阀门，关闭第二道阀门。使第一道阀门至锅炉之间处于水压试验范围内，汽包内部装置、安全阀不参加水压试验，水位计不参加强度压力试验。

4.1.3.2 锅炉水压试验前的准备

水压试验是检验设备缺陷、受压元件及受压元件连接处严密性和安装质量的一个重要工序，也是质量技术监督部门进行质量检查的重点，水压试验前应做如下准备工作：

（1）水压试验所具备的必需条件

锅炉本体试验范围内的安装工作应全部完成并验收合格。

安装质量检查要与工程进度同步，记录内容准确、真实。安装质量符合规定标准。

按照相关现行的标准等对受热面、受压元件及受压元件连接处进行全面的检查验收，检查受热面上应进行的工作是否全部结束。这些工作包括：所有的焊接工作、焊口取样、受热面管和联箱的安装，几何尺寸、不平整度、支吊架等。检查的系统、项目、部位、数量都应符合《锅炉安全技术规程》TSG 11—2020 中有关“锅炉安装监督检验大纲”的规定。

清除汽包、联箱内部铁锈、焊渣等杂物，将汽包中已安装上的内部装置取出，确认锅筒、集箱、管子内部没有杂物和异常后封闭各人孔、手孔。

组合及安装时所用的一些临时设施（如临时支撑、弹簧支吊架的临时固定圆钢等），是否已全部清除干净，以免锅炉上水时，因温度升高不能自由膨胀而产生额外应力。

所有合金钢部件的光谱复查工作要全部完成。

（2）组织准备及保障

项目组织以项目总工为组长，质保师为副组长，工艺、焊接、检验、安全等相关责任师等组成锅炉水压试验领导小组，由组长统一指挥，组员应分工明确，责任到人。确定参与锅炉水压试验人员。

上述工作完成后，确定锅炉水压试验具体日期，通知锅炉及本体范围内参加试验设备的制造单位、建设单位、监理单位参加，并约请当地质量技术监督部门参加检查、验收。

(3) 技术准备

水压试验前应由项目工艺责任师编制锅炉水压试验方案，项目体系质保师审核、项目总工批准后方可实施。水压试验前对全体参加人员进行详细的试压技术交底和试压安全技术交底。锅炉水压试验的试验压力选择符合表 4-15、表 4-16的规定。

锅炉本体水压试验的试验压力（MPa） **表 4-15**

锅筒工作压力	试验压力
＜0.8MPa	锅筒工作压力的 1.5 倍，且不小于 0.2MPa
0.8～1.6MPa	锅筒工作压力加 0.4MPa
＞1.6MPa	锅筒工作压力的 1.25 倍

注：试验压力应以上锅筒或过热器出口集箱的压力表为准。

锅炉部件水压试验的试验压力（MPa） **表 4-16**

部件名称	试验压力
过热器	与本体试验压力相同
再热器	再热器工作压力的 1.5 倍
铸铁省煤器	锅筒工作压力的 1.25 倍加 0.4MPa
钢管省煤器	锅筒工作压力的 1.5 倍

整理并准备好前一阶段的锅炉安装、焊接、热处理、光谱复查等记录，便于当地质量技术监督部门监督检查及验收。由项目工程技术部门准备好水压试验记录，及时记录试验过程收集的试验数据。

(4) 现场准备工作

连接水压试验所需的上水、放水、排空管道；连接好试验用的水泵，在试压泵出口管上和锅筒上各设两块压力表；试压系统的压力表不应少于 2 只；额定工作压力大于或等于 2.5MPa 的锅炉，压力表的精度等级不应低于 1.6 级；额定工作压力小于 2.5MPa 的锅炉，压力表的精度等级不应低于 2.5 级；压力表必须经计量部门校验合格，压力表的量程应为试验压力的 1.5～3 倍。

凡是与其他系统连接的并不在此试验范围内的管道都应加堵板作为临时封闭。准备好炉膛内检查渗漏时所需的脚手架、照明设施等。打开锅炉的前后烟箱和烟道，试压时便于检查。在锅炉系统最高处装设放空阀，放空管应高于锅炉的保护壳，在锅炉系统的最低处设排水管道。

备好试压用水，水压试验用水应干净（电站锅炉水压试验用水水质一般要求采用除盐除氧水，为防止水压阶段再腐蚀的产生，采取加药方法使水压试验用水 pH 保持在 10～10.5，悬浮物浓度小于 10×10^{-6}，氯离子浓度不大于 1.0×10^{-6}）；水温应高于周围露点温度且不应高于 70℃；合金钢受压元件的水压试验，水温应高于所有钢种的韧脆转变温度；奥氏体受压元件水压试验，应控制水中的氯离子浓度不超过规范要求，如不能满足这一要求，水压试验后应立即将水渍去除干净。锅炉水压试验的环境温度（室内）要在 5℃以上，低于 5℃时进行水压试验必须有可靠的防寒防冻措施。

4.1.3.3　水压试验的流程及工艺工程

（1）水压试验流程

气压预试→渗漏处理→注水加压→稳压检查→不合格情况处理→试压合格→办理资料签认手续。

（2）工艺过程

在正式水压试验之前用压力 0.2～0.3MPa 的空气进行一次气压预试，以检查水压试验范围内是否有泄漏，并及时加以消除。这样能为水压试验一次成功创造有利条件，可以缩短水压试验时间，避免水压试验反复进行而带来的损失。气压预试验时检查必须认真、仔细、全面。

在向锅炉注水之前应将所有空气阀、压力表连通阀、水位计连通阀打开，将所有放水阀及本体范围内的二次阀关闭。开启锅炉顶部最高点的排气阀、启动给水泵、开启给水阀门向炉内缓慢上水，锅炉满水后关闭排空阀；初步检查锅炉汽水系统，应无漏水后再缓慢升压；当升压到 0.3～0.4MPa 时应检查有无渗漏，有渗漏时应复紧人孔、手孔的法兰等连接螺栓。

压力升至工作压力时暂停升压，应立即进行全面检查，检查有无漏水或异常现象（如发现泄漏处要做出标记，待降压放水后集中处理），如无异常现象关闭就地水位计，继续升压至试验压力。锅炉在试验压力状态下应保持的时间符合表 4-17 的要求，保压期间压力下降不得超过 0.05MPa。

锅炉在试验压力状态下应保持的时间　　表 4-17

锅炉参数	试验压力状态下应保持的时间（min）
≤3.82MPa	20（国家标准）
>3.82 MPa	5（电力规范）

试验压力应达到保持时间后回降到额定工作压力进行检查，检查期间压力应保持不变，且应符合下列要求：锅炉受压元件金属壁和焊缝上不应有水珠和水雾，胀口处不应滴水珠；水压试验后应无可见残余变形。

当水压试验合格后，开启锅炉顶部排空阀门降压。压力降控制为 0.3～0.5MPa/min，压力降至零后，应及时将锅炉内的所有水全部放尽；立式过热器内的水不能放尽时，应在冰冻期采取必要的防冻措施；如试压用水是已经加药的软化水，则可以存放炉中，但必须及时完成安全阀复位、连通水位计、拆除临时上水管等工作。

水压试验合格后，应立即办理水压试验合格签字确认手续。

锅炉水压试验示意图如图 4-2 所示。

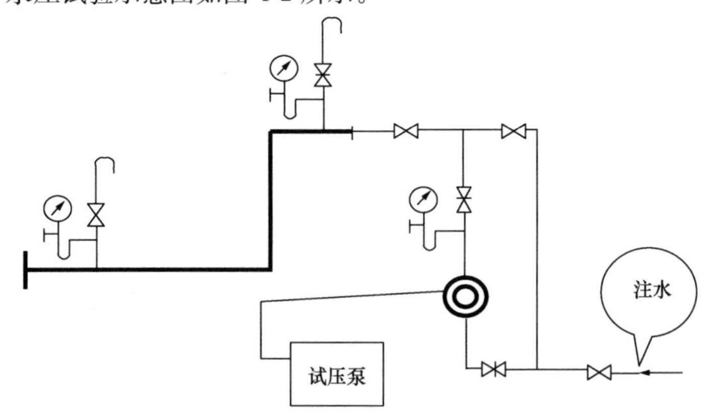

图 4-2　锅炉水压试验示意图

4.1.3.4 合格标准及不合格情况处理

（1）合格标准

在受压元件金属和焊缝上没有水珠和水雾。

当降到工作压力后胀口处不滴水珠。

水压试验后，没有发现残余变形。

（2）不合格情况处理

承压部件上的铁件焊缝、人孔、法兰、阀门安装连接处是检查泄漏的主要部位，在气压预试中仔细检查，因气压试验升压、降压方便，检查出的泄漏可及时处理。在上水过程中和升压初期，如发现泄漏而不致将管件或炉墙冲坏时可暂不处理，应继续上水升至工作压力，待其他泄漏缺陷均暴露后，集中一次处理。

如果焊缝无渗漏，而仅是人孔或其他结合面处有渗漏，又不严重，则在这些渗漏点进行修理后，不需要做升压试验，而仅做锅炉点火前的工作压力试验即可，如渗漏严重以致5min内不能保持试验压力，则在消除这些缺陷后，应重做升压试验。

对焊缝处所发现的大小渗漏，均应进行修理，修理时必须将焊缝缺陷处铲除干净后再予重焊，绝不允许仅在缺陷表面进行堆焊修补。

4.1.4 锅炉砌筑

锅炉砌筑必须在水压试验合格后进行。砌筑工作除应遵守《电力建设施工质量验收规程　第2部分：锅炉机组》DL/T 5210.2—2018、《工业炉砌筑工程施工与验收规范》GB 50211—2014及《工业炉砌筑工程质量验收标准》GB 50309—2017的规定外，还应执行《锅炉筑炉、保温施工工艺》ZEA.BQMS 4.06—2010。

4.1.5 烘炉及煮炉

4.1.5.1 烘炉前的检查和准备

锅炉及其附属装置全部安装完毕。砌筑工程全部结束，并经检查合格；炉膛内部及风、烟道的杂物必须清除干净。保温工作结束，并拆除所有的脚手架。水压试验合格。热工仪表检验合格。炉墙已设置测温点和取样点。水处理设备、炉排、鼓引风机、各水泵、给煤及排渣设备都能正常运转，并验收合格，各传动部位的润滑点加足润滑油。各烟门、风门、水阀、汽阀手柄盘动应灵活。烘炉用柴、煤以及煮炉用药均已备好。司炉、化验人员和其用具、用品以及值班人员配备齐全，照明设施齐全完好。根据设备说明书和技术规范要求绘制烘炉温升曲线。

4.1.5.2 确定加热方法

蒸汽烘炉仅适用于有蒸汽气源和有水冷壁管的锅炉的前期烘炉，其后期烘炉以及无蒸汽气源时，皆用火焰烘炉。

4.1.5.3 烘炉温度

炉膛温度的测定，应以过热器后（或相当位置）的烟气温度为准。

重型炉墙，第一天温升不宜超过 50℃，以后每天温升不宜超过 20℃，后期烟温不应高于 220℃。轻型炉墙，温升每天不应超过 80℃，后期烟温不应高于 160℃。

耐热混凝土炉墙，在正常养护期满后（矾土水泥炉墙约为 3 昼夜，硅酸盐水泥炉墙约为 7 昼夜），方可开始烘炉。烘炉温升每小时不应超过 10℃，后期烟温不应高于 160℃，在最高温度范围内，持续时间不应少于 1 昼夜。

4.1.5.4 烘炉时间

轻型炉墙：4～6d；重型炉墙：14～16d。

4.1.5.5 烘炉程序

启动上水系统，冲洗上下汽包，排污，直至排水清洁。

关闭主气阀、排污阀，开启放空阀，给锅炉上软水直到正常水位。

炉排上铺一层厚 30～40mm 的炉渣，其上均布木柴及引燃物（木柴不能带有铁钉）。

打开自然通风道及各烟门、风门。

点火，调整风门，使火势从小到大，温升要平稳，并按温升图进行。

4.1.5.6 合格标准

达到下列规定之一时，即为合格。

取样法：在燃烧室两侧墙中部，炉排上方1.5～2m处和过热器的两侧墙中部，取耐火砖与红砖的丁字交叉缝的灰浆样（各约50g），其含水率应小于2.5%。

测温法：在燃烧室两侧墙中部炉排上方1.5～2m处的红砖墙外表面向内100mm处插入温度计，温度达到50℃，并连续保持48h。

4.1.5.7 烘炉期间注意事项

随时观察水位变化情况、炉墙变化情况；做好温度变化记录；出现异常情况要随时报告烘炉负责人。用木材烘炉时，木柴应放置于炉排中部位置，使四周炉墙受热均匀。尽量少开检查门、人孔门及看火门，以免冷空气进入炉膛，引起墙裂。烘炉期间，炉水应保持正常水位。烘炉两三日后，可将连续排污阀打开少许，以排出表面浮污，排污前炉水应在最高水位。烘炉期间，应经常打开后省煤器回水阀，保持省煤器的冷却。烘炉过程应按温升的实际情况绘制温升图。

4.1.5.8 煮炉

烘炉后期，当烘炉达到合格标准后，即可煮炉。煮炉的目的是清除锅炉受热面内壁的油污和铁锈。煮炉的加药量应按炉水的多少确定，加药量配方见表4-18。

煮炉时的加药量配方 **表4-18**

药品名称	加药量（kg/m^3）	
	铁锈较薄	铁锈较厚
氢氧化钠（NaOH）	2～3	3～4
磷酸三钠（$Na_3PO_4 \cdot 12H_2O$）	2～3	2～3

注：1. 药品按100%的纯度计算。
2. 无磷酸三钠时，可用碳酸钠代替，数量为磷酸三钠的1.5倍。
3. 可单独使用碳酸钠煮炉，其用量为6kg/m^3水。

药物加入锅炉前，应加水溶化，不允许将固体药物直接加入炉内。溶化氢氧化钠时，配制人员应穿戴防护用品，注意药水溶液不要飞溅。

加药时，炉水应在低水位。煮炉时，药液不应进入过热器内。煮炉期间，水位宜保持在高水位，并应定期地、对称地开启排污阀进行排污。

煮炉期间，应定时从锅筒和水冷壁下集箱取样分析，当炉水碱度低于45mEq/L时，应补充药液。

煮炉末期，应使蒸汽压力保持在工作压力的75%左右。煮炉时间一般应为2～3d。在升压过程中，应注意检查锅筒、集箱、受热面管子各部分的膨胀量是否正常。

煮炉完毕后应清除锅筒、集箱内的沉积物，冲洗与药物接触过的锅筒内部及阀件，检查排污阀有无堵塞。

煮炉合格应符合下列条件：锅筒与集箱内壁无油垢；擦去附着物后，金属表面无锈痕。

4.1.6 蒸汽严密性试验及试运转

缓慢加热升压至0.3～0.4MPa，对锅炉范围内的法兰、人孔、手孔和其他连接部分的螺栓，进行一次热态紧固。继续缓慢升压到工作压力，检查人孔、手孔、阀门等垫料部分的密封性。检查锅筒、集箱和管路的膨胀情况及支架的位移情况。

上列检查工作结束后，应进行安全阀的调整。

锅筒和过热器上的安全阀按规定的压力调定，先调工作安全阀（压力较高），再调控制安全阀（压力较高）。两个安全阀开启压力的调整必须连续进行。蒸汽锅炉安全阀整定压力见表4-19。

蒸汽锅炉安全阀整定压力 **表4-19**

序号	额定蒸汽压力（MPa）	安全阀的整定压力
1	≤0.8	工作压力+0.03MPa
		工作压力+0.05MPa

续表

序号	额定蒸汽压力（MPa）	安全阀的整定压力
2	0.8<P<5.9	1.04 倍工作压力
		1.06 倍工作压力
3	≥5.9	1.05 倍工作压力
		1.08 倍工作压力

注：1. 锅筒上必须有一个安全阀，按表中较低的整定压力进行调整，对有过热器的锅炉，按较低压力进行调整的安全阀，必须为过热器上的安全阀，以保证过热器上的安全阀先开启。

2. 表中的工作压力，对于脉冲式安全阀系指冲量接触地点的工作压力，对其他类型的安全阀系指安全阀装置地点的工作压力。

安全阀启闭压差一般应为整定压力的4%～7%，最大不超过10%，当整定压力小于0.3MPa时，最大启闭压差为0.03MPa。省煤器上的安全阀的开启压力应为装置地点工作压力的1.1倍，其调整应在蒸汽严密性试验前，用水压的方法进行。

为保证蒸汽品质，制药厂锅炉出口至分气缸段蒸汽管道必须进行蒸汽吹扫。

上述工作合格后，连续进行带负荷试运行，试运行时加负荷要缓慢进行，同时要检查各处的膨胀情况、搬动情况以及和密封处的严密性。整装锅炉一般进行连续带负荷4～24h，工业锅炉一般进行连续带负荷48h；移交生产单位进入试生产阶段；试运转结束后，整理运转情况的详细记录并办理试运行签证，并办理相关设备移交及竣工验收手续。

锅炉安装属于特种设备监检范畴，安装单位及人员必须有相应的安装资质，且安装前必须到施工所在地技术监督局特种设备监察部门办理相关告知、监检手续，安装过程必须接受特种设备监督检验部门的监检；锅炉安装过程中，安装单位必须建立锅炉安装质保体系，严格执行国家规范、企业锅炉安装质保手册、程序文件以及工艺文件等，精心施工、严格管控，确保锅炉安装质量满足锅炉乃至整个制药厂的安全、经济运行。

4.2 洁净厂房污水、有毒液体处理净化技术

制药产生的污水因其污染物多属于结构复杂、有毒、有害和生物难以降解的有机物质，会对水体造成严重的污染；同时，工业污水还呈明显的酸、碱性，部分污水中含有过高的盐分。废水主要包括抗生素生产废水、合成药物生产废水、中成药生产废水以及各类制剂生产过程的洗涤水和冲洗废水四大类；废水的特点是成分复杂、有机物含量高、毒性大、色度深和含盐量高，特别是生化性很差，且间歇排放，属难处理的工业废水。所以选择科学合理的污水、废水处理工艺、执行严格的测试及排放标准，是制药厂实现环保、节能设计理念及功能的关键。对于施工企业而言，选择先进的施工工艺及项目管理理念、精心组织施工、保证安装质量则是实现完美履约的关键，也是顾客（即制药厂）实现其使用功能、安全功能及环保、节能功能的关键。

4.2.1 污水废水处理工艺简介

制药污水、废水的处理技术可归纳为以下几种：物化处理、化学处理、生化处理以及多种方法的组合处理等，各种处理方法具有各自的优势及不足。

4.2.1.1 物化处理

根据制药废水的水质特点，处理过程中需要采用物化处理作为生化处理的预处理或后处理工序。目前，应用的物化处理方法主要包括混凝法、气浮法、吸附法、膜分离法、电解法、离子交换法等。

（1）混凝法

该技术是目前国内外普遍采用的一种水质处理方法，它被广泛用于制药废水预处理及后处理过程中，如硫酸铝和聚合硫酸铁等用于中药废水等。高效混凝处理的关键在于恰当地选择和投加性能优良的混凝剂。近年来混凝剂的发展方向是由低分子向聚合高分子发展，由成分功能单一型向复合型发展。

（2）气浮法

气浮法通常包括充气气浮、溶气气浮、化学气浮和电解气浮等多种形式。

（3）吸附法

常用的吸附剂有活性炭、活性煤、腐殖酸类、吸附树脂等。

（4）膜分离法

膜技术包括反渗透、纳滤膜和纤维膜，可回收有用物质，减少有机物的排放总量。该技术的主要特点是设备简单、操作方便、无相变及化学变化、处理效率高和节约能源。

（5）电解法

该法处理废水具有高效、易操作等优点而得到人们的重视，同时电解法又有很好的脱色效果。

4.2.1.2 化学处理

应用化学处理方法时，某些试剂的过量使用容易导致水体的二次污染，因此在设计前应做好相关的试验研究工作。化学法包括铁炭法、化学氧化还原法（Fenton 试剂、H_2O_2、O_3）、深度氧化技术等。

（1）铁炭法

工业运行表明，以 Fe-C 作为制药废水的预处理步骤，其出水的可生化性可大大提高。

（2）Fenton 试剂处理法

亚铁盐和 H_2O_2 的组合称为 Fenton 试剂，它能有效去除传统废水处理技术无法去除的难降解有机物。随着研究的深入，又把紫外光（UV）、草酸盐（$C_2O_4^{2-}$）等引入 Fenton 试剂中，使其氧化能力大大加强。

（3）深度氧化技术

深度氧化技术又称高级氧化技术，它汇集了现代光、电、声、磁、材料等各相近学科的最新研究成果，主要包括电化学氧化法、湿式氧化法、超临界水氧化法、光催化氧化法和超声降解法等。其中紫外光催化氧化技术具有新颖、高效、对废水无选择性等优点，尤其适合于不饱和烃的降解，且反应条件也比较温和，无二次污染，具有很好的应用前景。与紫外线、热、压力等处理方法相比，超声波对有机物的处理更直接，对设备的要求更低，作为一种新型的处理方法，正受到越来越多的关注。

4.2.1.3 生化处理

生化处理技术是目前制药废水广泛采用的处理技术，包括好氧生物法、厌氧生物法、好氧-厌氧等组合方法。

（1）好氧生物法

由于制药废水大多是高浓度有机废水，进行好氧生物处理时一般需对原液进行稀释，因此动力消耗大，且废水可生化性较差，很难直接生化处理后达标排放，所以单独使用好氧处理的不多，一般需进行预处理。常用的好氧生物处理方法包括活性污泥法、深井曝气法、吸附生物降解法（AB 法）、接触氧化法、序批式间歇活性污泥法（SBR 法）、循环式活性污泥法（CASS 法）等。

（2）厌氧生物法

目前国内外处理高浓度有机废水主要是以厌氧法为主，但经单独的厌氧方法处理后出水 COD 仍较高，一般需要进行后处理（如好氧生物处理）。目前仍需加强高效厌氧反应器的开发设计及进行深入的运行条件研究。在处理制药废水中应用较成功的有上流式厌氧污泥床（UASB）、厌氧复合床（UBF）、厌氧折流板反应器（ABR）、水解法等。

（3）厌氧-好氧等组合方法

由于单独的好氧处理或厌氧处理往往不能满足要求，而厌氧-好氧、水解酸化-好氧等组合工艺在改善废水的可生化性、耐冲击性、投资成本、处理效果等方面表现出了明显优于单一处理方法的性能，因而在工程实践中得到了广泛应用。

药厂废水的水质特点使得多数制药废水单独采用生化法处理根本无法达标，所以在生化处理前必须进行必要的预处理。一般应设调节池，调节水质水量和 pH，且根据实际情况采用某种物化或化学法作为预处理工序，以降低水中的 SS、盐度及部分 COD，减少废水中的生物抑制性物质，并提高废水的可降解性，以利于废水的后续生化处理。

预处理后的废水，可根据其水质特征选取某种厌氧和好氧工艺进行处理，若出水要求较高，好氧处理工艺后还需继续进行后处理。总的工艺路线为预处理-厌氧-好氧-（后处理）组合工艺。

此外，随着膜技术的不断发展，膜生物反应器（MBR）在制药废水处理中的应用研究也逐渐深入。MBR综合了膜分离技术和生物处理的特点，具有容积负荷高、抗冲击能力强、占地面积小、剩余污泥量少等优点。

4.2.2 几种常见的污废水处理流程

预处理-厌氧-好氧-（后处理）组合工艺（物化处理和生化处理相结合的工艺）流程，如图4-3所示。

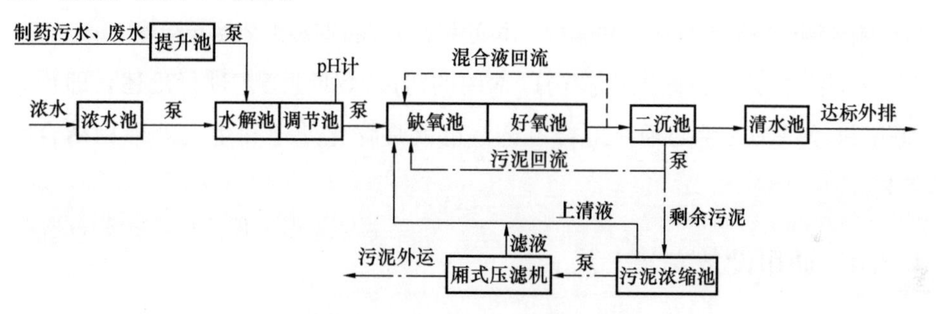

图4-3 污废水处理总工艺流程图

SBR处理法工艺流程如图4-4所示。

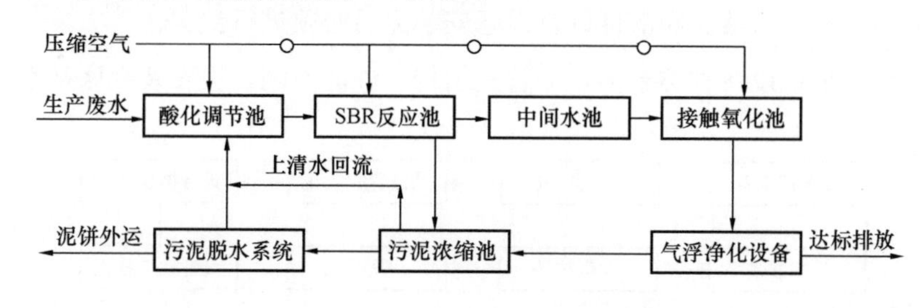

图4-4 SBR处理法工艺流程图

水解酸化＋SBR＋接触氧化＋气浮工艺（物化处理和生化处理相结合的工

艺）流程，如图 4-5 所示。

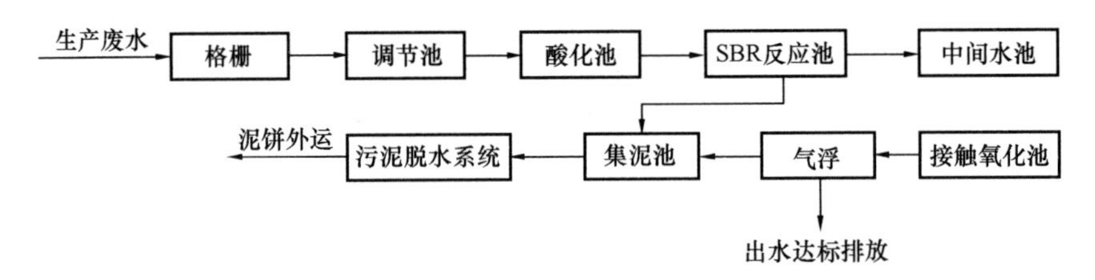

图 4-5　水解酸化＋SBR＋接触氧化＋气浮工艺流程图

4.2.3　污水废水处理系统施工工艺/安装技术

在污废水处理系统中，设备安装工艺不同于其他民用或工业项目的设备安装及其他专业安装，设备安装技术含量相对较高、施工难度较大，安装质量的好坏直接影响到调试质量及日后正常运行，本文主要就设备安装工艺展开阐述。

本施工工艺以目前国内制药厂常用的污废水处理工艺进行论述，即预处理-厌氧-好氧-（后处理）组合工艺，也就是物化处理和生化处理相结合的工艺。

4.2.4　通用设备安装工艺

设备安装具有以下特点：精度要求高；基本没有完全一样的设备；设备制造有误差；设备的零部件不是绝对的刚体，受力后会变形；运动部位的结合面要求光滑平整、清洁、润滑良好；设备安装完后必须进行试运转。

污废水处理设备种类繁多，尽管其结构、性能不同，但安装程序基本相同（图 4-6）。

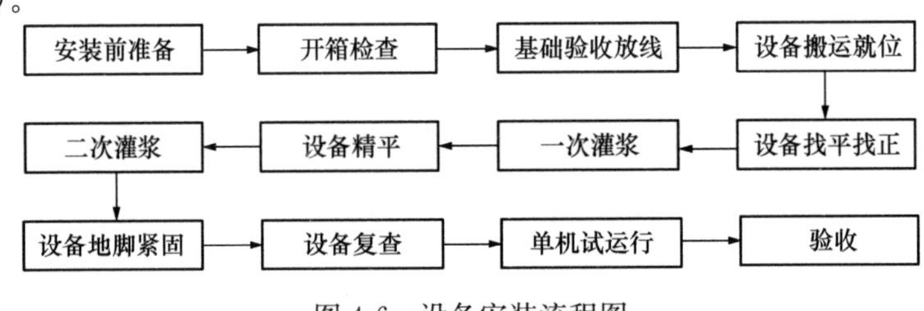

图 4-6　设备安装流程图

当然，不同的设备，上述工序的具体内容和方法也有所不同。例如，对大型设备采取分体安装法，而对小型设备则采取整体安装法。

4.2.4.1 设备开箱检查

设备安装前应进行开箱检查，做好记录。最后由参加各方代表签字，开箱检查人员一般由建设、监理、施工单位以及设备供应商的代表组成。

设备的清查工作主要有以下几项：

箱号、箱数以及包装情况（包装是否完好无损）、设备的名称、型号和规格，有无缺损件，表面有无损坏和锈蚀等。

机械设备必须有设备装箱单、出厂检验单、图纸、说明书、合格证等随机文件，进口设备还必须具有商检部门的检验合格文件及其他需要记录的情况。

根据装箱单清点全部零部件及附件、专用工具；若无装箱单，应按技术文件进行清点。

各零件和部件有无缺陷、损坏、变形或锈蚀等现象。

机件各部分尺寸是否与图样要求相符合（如地脚螺栓孔的大小距离等）。

4.2.4.2 设备基础检查、处理与放线

设备基础一般由土建单位施工。设备安装之前，必须对基础进行严格的检验，发现问题及时进行处理。

如果设计要求设备安装前对基础强度进行测定（一般应在基础混凝土强度达到设计强度的60%以上时方可进行设备安装），一般中小型设备的基础可用钢球撞痕法进行测定。

（1）基础检查

设备就位前应对设备基础进行检查，合格后方可安装。

设备基础检查验收的主要内容是：基础的外形尺寸，基础面的水平度、中心线、标高，地脚螺栓孔的坐标位置，预埋件等，是否符合设计和施工规范的规定。若设计无要求，可按表4-20执行。

设备基础检查允许偏差　　表 4-20

<table>
<tr><th>序号</th><th colspan="2">项目名称</th><th>允许偏差值（mm）</th></tr>
<tr><td>1</td><td colspan="2">基础坐标位置（纵、横轴线）</td><td>±20</td></tr>
<tr><td>2</td><td colspan="2">基础不同平面的标高</td><td>−20</td></tr>
<tr><td>3</td><td colspan="2">基础上平面外形尺寸</td><td>±20</td></tr>
<tr><td>4</td><td colspan="2">凸台上平面外形尺寸</td><td>−20</td></tr>
<tr><td>5</td><td colspan="2">凹穴尺寸</td><td>+20</td></tr>
<tr><td rowspan="2">6</td><td rowspan="2">基础平面水平度（包括地坪上需安装设备的部分）</td><td>每米</td><td>5</td></tr>
<tr><td>全长</td><td>10</td></tr>
<tr><td rowspan="2">7</td><td rowspan="2">基础垂直度偏差（全高）</td><td>每米</td><td>5</td></tr>
<tr><td>全长</td><td>10</td></tr>
<tr><td>8</td><td colspan="2">预埋地脚螺栓顶标高</td><td>+20</td></tr>
<tr><td>9</td><td colspan="2">预埋地脚螺栓中心距（根、顶部两处测量）</td><td>±2.0</td></tr>
<tr><td>10</td><td colspan="2">预留地脚螺栓孔中心位置</td><td>±10</td></tr>
<tr><td>11</td><td colspan="2">预留地脚螺栓孔深度</td><td>+20</td></tr>
<tr><td>12</td><td colspan="2">预留地脚螺栓孔孔壁垂直度，每米</td><td>10</td></tr>
<tr><td rowspan="4">13</td><td rowspan="4">预埋活动地脚螺栓锚板</td><td>标高</td><td>+20</td></tr>
<tr><td>中心线位置</td><td>±5.0</td></tr>
<tr><td>水平度（带槽的锚板），每米</td><td>5.0</td></tr>
<tr><td>水平度（带螺纹孔的锚板），每米</td><td>2.0</td></tr>
</table>

（2）基础处理

基础检查过程中发现有缺陷或轻微不合格处，要加以处理。

（3）基础放线

基础检验合格后，将基础表面清理干净，即可放线。放线就是根据施工图，按建筑物的定位轴线来测定设备的纵横中心线和其他基准线，并用墨线将其弹在基础上，作为安装设备找正的依据。放线时，要注意尺要拉直、放正，测量准确。

互相有连接、衔接或排列关系的设备，应划定共同的安装基准线。必要时，应按设备的具体要求，埋设一般的或永久性的中心标板或基准点。

平面位置安装基准线与基础实际轴线或与厂房墙（柱）的实际轴线、边缘线的距离，其允许偏差为±20mm。

设备定位基准的面、线或点对安装基准线的平面位置和标高的允许偏差，应符合表 4-21 的规定。

设备定位基准允许偏差 **表 4-21**

项目	允许偏差（mm）	
	平面位置	标高
与其他设备无机械联系	±10	+20、−10
与其他设备有机械联系	±2	±1.0

4.2.4.3 设备运输与就位

基础划线后，设备即可就位，将设备由箱的底排搬到设备基础上去。设备运输和就位常用方法有：起重机、铲车就位，人字架捯链就位，滑移就位。在起吊工具和施工现场受限的情况下，通常采用设备滑移的方法就位。

4.2.4.4 设备找正调平

设备找正、调平的定位基准面、线或点确定后，设备的找正、调平均应在给定的测量位置上进行检验；复检时亦不得改变原来测量的位置。

（1）设备找正、调平的检测方法

利用水平仪、平尺找正（图 4-7）。

摇杆法找正（图 4-8）。

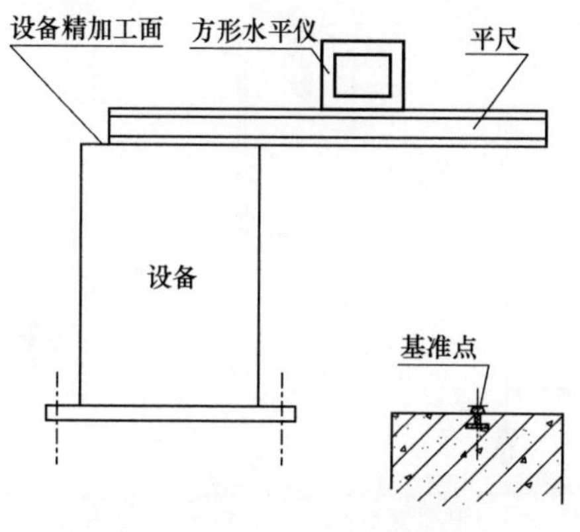

图 4-7 水平仪、平尺找正

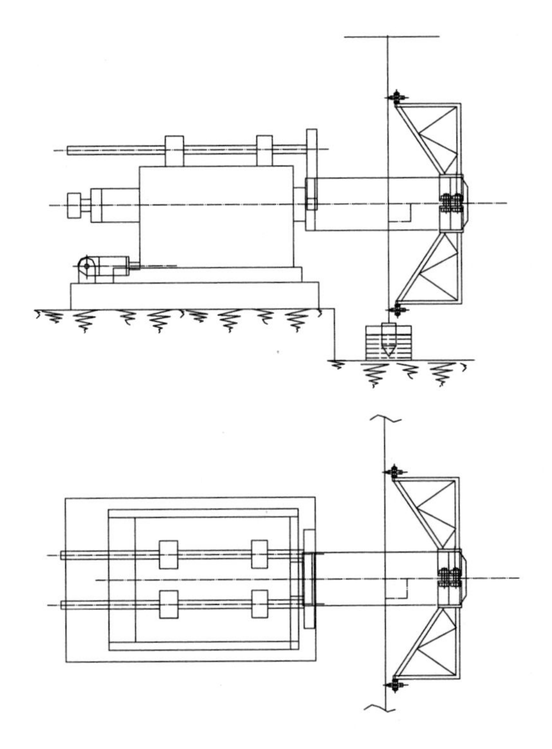

图 4-8　摇杆法找正

吊垂线找正（重锤水平拉钢丝测量直线度、平行度和同轴度），如图 4-9 所示。

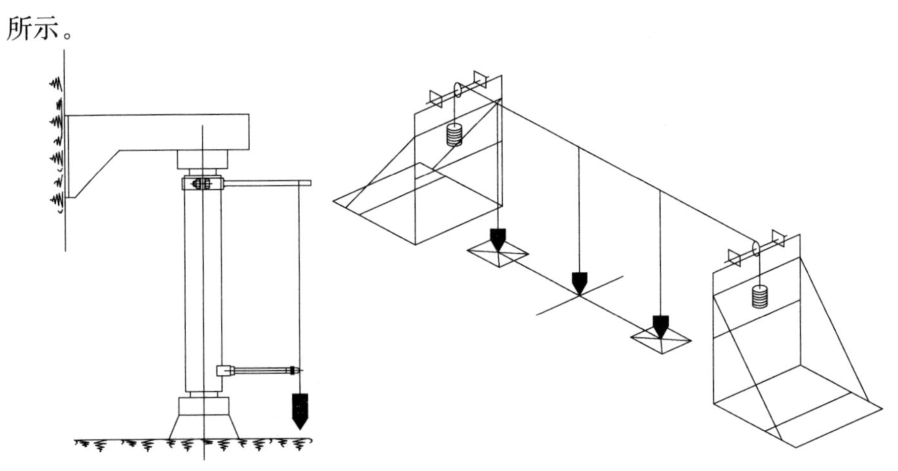

图 4-9　吊垂线找正

高精度水平仪配合内径千分尺找平（图 4-10）。

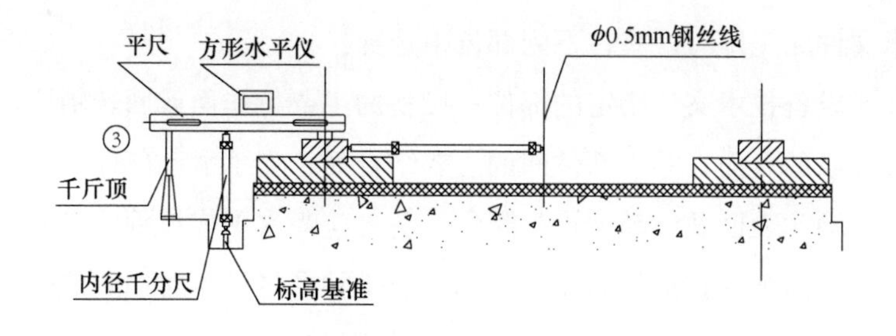

图 4-10 高精度水平仪配合内径千分尺找平

高精度水平仪配铟钢尺找平（图 4-11）。

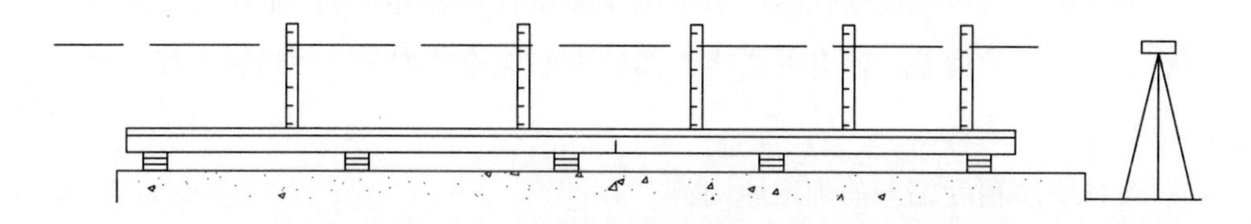

图 4-11 高精度水平仪配铟钢尺找平

百分表找正（图 4-12）。

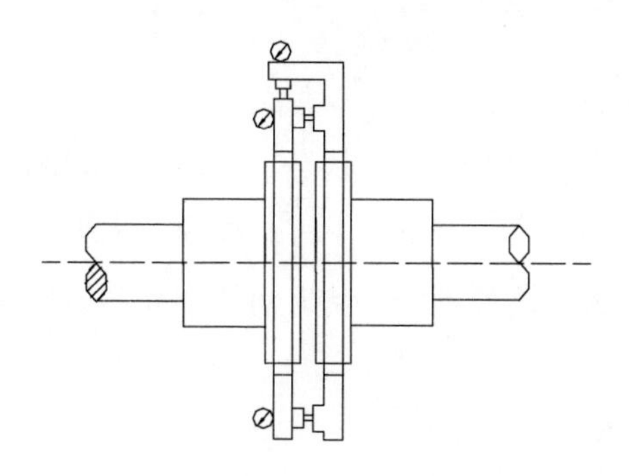

图 4-12 百分表找正

（2）设备找正、调平及测量位置确定

设备的找正、调平及测量位置，应按设计和设备技术文件确定，当设计和设备技术文件无规定时，宜在下列部位中选择：

设计或设备技术文件指定的部位；设备的主要工作面或回转轴线；部件上加工精度较高的表面；零、部件间的主要结合面；支承滑动部件的导向面；轴承剖分面、轴颈表面及滚动轴承外圈；设备上应为水平或铅垂的主要轮廓面。

任何加工面都存在形位偏差，检测中应排除形位偏差对检测值的干扰。因此，必须正确选择和确定检测点。其基本原则如下：检测基面有代表性的部位；工作面中线部位；工作面的均分段点；对称检测点；工作轴线。

为防止安装误差的累积，应考虑“最佳”合理偏差选择。设备安装偏差的方向选择，一般可按下列因素确定：

能补偿受力或温度变化后所引起的偏差（回转轴定心）；能补偿使用过程中磨损所引起的偏差；使有关的零、部件更好地连接配合；使运转平稳（回转轴定心）。

设备安装精度偏差的确定原则：

设备安装精度偏差应能满足下列要求：补偿受力或温度变化后所引起的偏差；补偿使用过程中磨损所引起的偏差；不增加功率消耗；使转动平稳；使机件在负荷作用下受力较小；有利于有关机件的连接、配合；有利于提高被加工件的精度。

（3）设备调平

设备调平，即将设备调整到水平状态。所谓水平状态是指设备上主要的面与水平面平行。设备调平是一道重要工序。如设备水平度不符合要求，运转时将会加剧振动，噪声大；润滑不佳，动力消耗加大，加速设备磨损，降低使用寿命。

1）设备调平用垫铁

找正调平设备用的垫铁应符合各类机械设备安装规范、设计或设备技术文件的要求，垫铁种类很多，例如平垫铁、斜垫铁、开口垫铁、螺栓调整垫铁等，最常用的是斜垫铁和平垫铁（图 4-13）。平垫铁、斜垫铁的厚度 h 根据实际需要和材料的材质和规格确定。斜垫铁的斜度宜为 1/20～1/10；振动较大或精密设备的垫铁斜度可为 1/40。

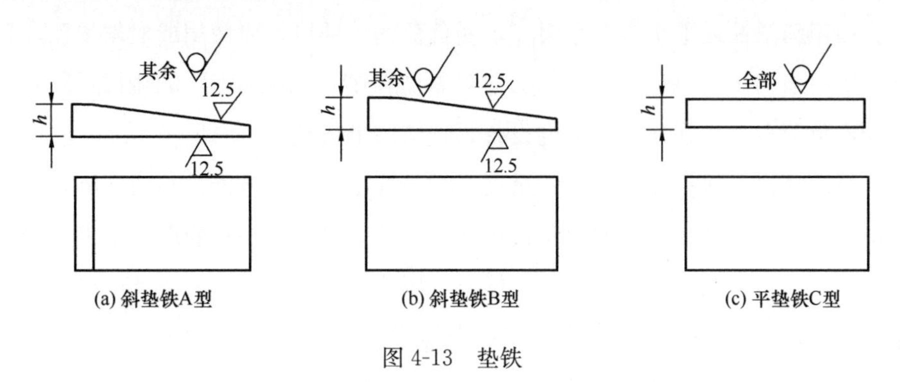

图 4-13 垫铁

采用斜垫铁时，斜垫铁应与配合使用的平垫铁代号相同。斜垫铁应成对使用，成对使用的斜垫铁其斜度应相同。

2）垫铁的放置

垫铁放置数量、位置与设备底座外形和底座上的螺栓孔位置有关。一般垫铁应放置在地脚螺栓两侧。每个地脚螺栓旁边至少应有一组垫铁。设备底座有接缝处的两侧应各垫一组垫铁。垫铁组在能放稳和不影响灌浆的情况下，应放在靠近地脚螺栓和底座主要受力部位下方。在不影响地脚螺栓孔灌浆的情况下，两组垫铁的距离越近越好。相邻两垫铁组间的距离宜为 500～1000mm。

每一垫铁组的面积，应根据设备负荷，按下式计算：

$$A \geqslant C(Q_1 + Q_2) \times 10^4 / R$$

式中 A——垫铁组面积（mm^2）；

Q_1——由于设备等的重量加在垫铁组上的负荷（N）；

Q_2——由于地脚螺栓拧紧时所分布在垫铁组上的压力（N），可取螺栓的许可抗拉力；

R——基础或地坪混凝土单位面积抗压强度（MPa），可取混凝土设计强度；

C——安全系数，宜取 1.5～3.0。

使用斜垫铁或平垫铁调平时，承受负荷的垫铁组，应使用成对斜垫铁，且调平后灌浆前用定位焊焊牢，钩头成对斜垫铁能用灌浆层固定牢固的可不焊。承受重负荷或有较强连续振动的设备，宜使用平垫铁。

每组垫铁一般不超过 5 块。过高，设备稳定性差；过低，不便于灌浆。放置垫铁时，平垫铁在下面，斜垫铁放在平垫铁上面。厚垫铁应放在下面，较薄垫铁放在上边，最薄的放在中间，尽量少用或不用薄垫铁，薄垫铁厚度不宜小于 2.0mm，并应将各垫铁相互用定位焊焊牢，但铸铁垫铁可不焊。

每一垫铁组应放置整齐平稳，垫铁之间、垫铁与基础之间应接触良好。设备调平后，每组垫铁均应压紧，并应用手锤逐组轻击听声检查（用 0.25kg 的手锤轻敲垫铁组，若声音暗哑，即接触良好，若声音响亮则接触不良）。

设备调平后，垫铁端面应露出设备底面外缘；平垫铁宜露出 10～30mm；斜垫铁宜露出 10～50mm。垫铁组伸入设备底座底面的长度应超过设备地脚螺栓的中心。安装在金属结构上的设备调平后，其垫铁均应与金属结构用定位焊焊牢。

设备用螺栓调整垫铁调平，螺纹部分和调整块滑动面上应涂以耐水性较好的润滑脂。调平应采用升高升降块的方法，当需要降低升降块时，应在降低后重新再做升高调整；调平后，调整块应留有调整的余量。垫铁垫座应用混凝土灌牢，但不得灌入活动部分。

设备采用调整螺钉调平时，不作永久性支承的调整螺栓调平后，设备底座下应用垫铁垫实，再将调整螺栓松开；调整螺钉支承板的厚度宜大于螺栓的直径；支承板应水平，并应稳固地装设在基础面上；作为永久性支承的调整螺栓伸出设备底座底面的长度，应小于螺栓直径。

设备采用减振垫铁调平时，基础或地坪应符合设备技术要求；在设备占地范围内，地坪（基础）的高低差不得超出减振垫铁调整量的 30%～50%；放置减振垫铁的部位应平整。减振垫铁按设备要求，可采用无地脚螺栓或胀锚地脚螺栓固定。设备调平时，各减振垫铁的受力应基本均匀，在其调整范围内应留有余量，调平后应将螺母锁紧。采用橡胶垫型减振垫铁时，设备调平后经过1～2周，应再进行一次调平。

3）设备水平度测量与调整

调整设备水平一般先调整纵向水平，再调横向水平。设备调平后，应将每组中的几块垫铁相互焊牢。

4.2.4.5 地脚螺栓放置与地脚螺栓孔灌浆

（1）预留孔中地脚螺栓的埋设

地脚螺栓在预留孔中应垂直，无倾斜。

如图4-14所示，地脚螺栓任一部分离孔壁的距离应大于15mm。地脚螺栓底端不应碰孔底。地脚螺栓上的油污和氧化皮等应清除干净，螺纹部分应涂少量油脂。螺母与垫圈、垫圈与设备底座间的接触均应紧密。拧紧螺母后，螺栓应露出螺母，露出长度宜为螺栓直径的1/3～2/3。在预留孔中的混凝土达到设计强度的75%以上时拧紧地脚螺栓，各螺栓的拧紧力应均匀。

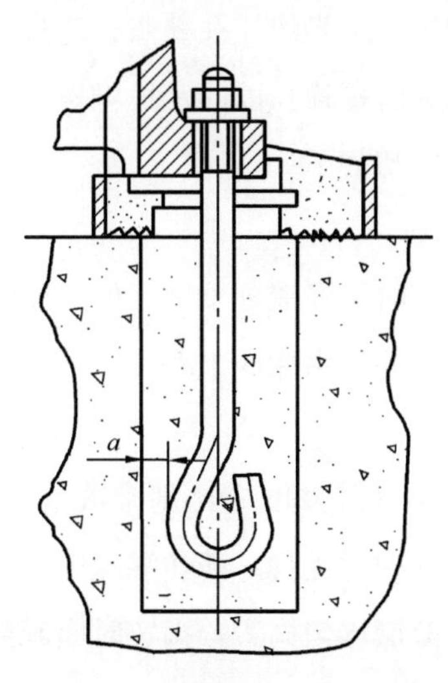

图4-14 地脚螺栓、垫铁与灌浆

(2)“T”形头地脚螺栓设置

“T”形头地脚螺栓设置，如图 4-15 所示。

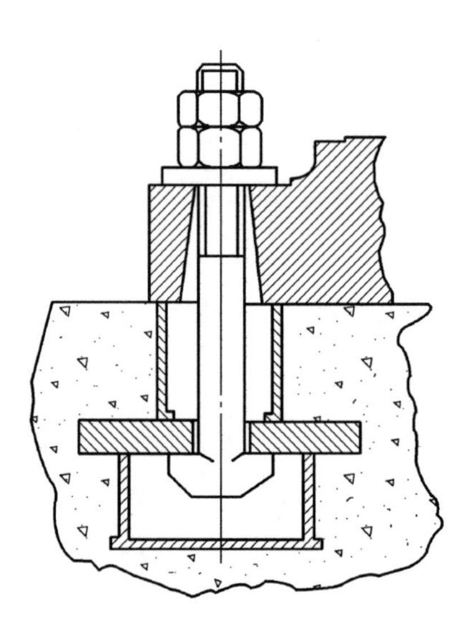

图 4-15 “T”形头地脚螺栓的设置

(3) 地脚螺栓孔灌浆

设备初步找平后，即进行地脚螺栓孔灌浆。地脚螺栓孔灌浆，又称一次灌浆，即用细石混凝土填塞地脚螺栓孔以固定地脚螺栓。

地脚螺栓孔灌浆方法步骤如下：

1) 检查清理螺栓孔

虽然螺栓孔在基础处理时已经清理干净，但在灌浆前，还必须进一步进行检查，确保孔内清洁无污，并用水冲洗干净。

2) 浇灌混凝土

按设计要求拌制混凝土（其强度应比基础或地坪的混凝土强度高一级），逐孔（人力充足时也可多孔同时进行）灌注混凝土。每个孔的灌浆工作必须连续进行，一次灌满，并要分层均匀捣实，捣实时应避免碰撞设备，并要保持螺栓的垂直度（垂直度应在 1%之内）。

3）养护

灌完混凝土后，要洒水养护，待混凝土强度达到设计强度70%以上时，拧紧地脚螺栓。

4.2.4.6 设备安装质量复查和调整（精平）

螺栓拧紧后，设备水平度可能会发生变化，必须进行复查和调整。在调整时，松开低端的地脚螺栓，将垫铁打进一点，紧好螺栓，再进行测量。如此循环，直到均匀拧紧螺栓后，设备纵横向水平度全部合格为止。

4.2.4.7 设备二次灌浆

设备精确调平后，要将设备底座与基础表面间的空隙用混凝土填满，并将垫铁埋在里面，俗称二次灌浆。

灌浆时，应放一圈外模板，模板边缘距设备底座边缘一般不小于60mm。灌浆层高度，在底座外面应高于底座底面，灌浆层上表面应向外略有坡度，以防油、水流入设备底座。模板拆除后，表面应进行抹面处理。

当灌浆层与设备底座面接触要求较高时，宜采用无收缩混凝土或水泥砂浆。

灌浆层厚度不应小于25mm。仅用于固定垫铁或防止油、水进入灌浆层，且灌浆无困难时，其厚度可小于25mm。

当设备底座下不需全部灌浆，且灌浆层需承受设备负荷时，应敷设内模板。

4.2.4.8 机械设备试运转

（1）机械设备安装试运转应具备的条件

设备及其附属装置、管路等均应全部施工完毕，施工记录及资料应齐全。其中，设备的精平和几何精度经检验合格；润滑、液压、冷却水气（汽）、电气（仪器）控制等附属装置均应按系统检验完毕，并应符合试运转的要求。

需要的能源、介质、材料、工机具、检测仪器、安全防护设施及用具等，均应符合试运转的要求。

对大型、复杂和精密设备，应编制试运转方案或试运转操作规程。

参加试运转的人员，应熟悉设备的构造、性能、设备技术文件，并应掌握操作规程及试运转操作。

设备及周围环境应清扫干净，设备附近不得进行有粉尘的或噪声较大的作业。

(2) 设备试运转

1) 电动机 2h 试运行

电动机试运行前，应脱开电动机与设备之间的连接，如是整体连接，则按照空负荷试运转的程序试车。电动机应先启动，查看电动机转向是否正确，之后再连续试车 2h，正常后即可进行空负荷试运转。

2) 空负荷试运转

应在机械与各系统联合调试合格后，方可进行设备空负荷试运转。

应按说明书规定的空负荷试验的工作规范和操作程序，试验各运动机构的启动，其中对大功率机组，不得频繁启动，启动时间间隔应按有关规定执行；变速、换向、停机、制动和安全连锁等动作，均应正确、灵敏、可靠。其中连续运转时间和断续运转时间无规定时，应按各类设备安装验收规范的规定执行。

空负荷试运转前，应进行设备手动盘车，没有异样后正式试车，试车过程中，应进行各项检查，并应做实测记录；技术文件要求测量的轴承振动和轴的窜动不应超过规定；齿轮副、链条与链轮啮合应平稳，无不正常的噪声和磨损；传动皮带不应打滑，平皮带跑偏量不应超过规定；一般滑动轴承温升不应超过 35℃，最高温度不应超过 70℃；滚动轴承温升不应超过 40℃，最高温度不应超过 80℃；导轨温升不应超过 15℃，最高温度不应超过 100℃；油箱油温最高不得超过 60℃；润滑、液压、气（汽）动等各辅助系统的工作应正常，无渗漏现象；各种仪表应工作正常；有必要和有条件时，可进行噪声测量，并应符合规定。

3) 带负荷或满负荷试运行

一般大型设备还需要进行带负荷或满负荷试运行。

4.2.5 专用设备安装工艺

4.2.5.1 刮泥机

（1）基础检查

复测绝对标高：中心混凝土支柱、池底、池壁顶；

复测同心度：中心传动旋转刮泥安装必须在池中心，必须复测中心混凝土支柱基础中心（预留地脚螺栓孔）是否与池壁圆心重合。以有拉力标志的钢卷尺或钢丝，在圆周（池壁）上分4～8点复测到土建所定圆心的半径，并以同样方法复测池底同心度。

土建可先在池底按设计要求的坡度浇灌锥底基层。

（2）设备安装

与甲方、厂商、监理共同开箱检查，按装箱单清点设备到货情况、外观质量、随机文件（包括说明书、合格证等）。采用起重机、卡车将设备各组件分台，转运到两个污泥浓缩池中。

安装程序：

吊装中心运转支座→组装两桁架刮泥臂→组装中心桁架→吊装刮泥臂→吊装人行钢桥→吊装传动机构→整机精度调整→试运转。

中心运转支座安装：

刮泥机中心运转支座的吊装可采用汽车起重机完成，如因池外总坪施工汽车起重机无法靠近，可采用人工门字形钢制桅杆吊装，同时该桅杆在后序吊装刮泥桁架可继续使用。

中心回转支座调整标高、坐标及同心度合格后，进行二次灌浆，待浇灌混凝土强度达到85%后拧紧螺母，复测支座安装水平度及垂直度，偏差均不大于2/1000（用水平尺、磁力线锤、钢直尺测量）。

桁架臂、刮泥板安装：

先将桁架按安装图要求在池内组装，检查合格后移至中心柱两侧一直线上。安装中心桁架及中心筒，再以门字桅杆吊起安装，初步调整后安装刮泥板等附件。

对池外起重机或以门字桅杆加装人行钢制桥，安装中心传动装置，安装方法及技术要求按设备说明书及总装图。

（3）设备试运行及防腐

协助土建池底抹面：设备整机安装完毕，技术质量合格后，可手动盘车，保证各传动部件转动灵活。在盘车过程中，土建方根据刮泥板底转动的轨迹进行抹面施工，保证刮板与池底间隙均匀，满足设计间隙要求。

试运转：在润滑良好，无异常噪声，刮泥机与池体无刮擦，刮泥臂转动平面水平度达到要求，电机、减速带满足设计要求时，须进行试车试验，试车时间为空载 2h，满负荷 8h。

防腐：全套刮泥机除钢制桥外，涂刷 H52 环氧加强级煤沥青三遍，钢桥刷调合漆两遍或按设计要求防腐。

4.2.5.2 电动葫芦及工字钢轨道安装

电动葫芦及工字轨道的安装应满足《起重设备安装工程施工及验收规范》GB 50278—2010 的有关要求，其施工程序、方法为：

用水准仪复测土建梁底标高。

拉轨道实际中心与安装基准的重合度。

工字钢连接板，采用矩形钢板，四方倒角。保证工字钢顶面、底面平整，间隙均匀。

工字钢轨道与吊架连接螺栓，穿工字钢翼缘应用方针斜垫铁，穿工字钢、层板应用方平垫，均加装弹垫，螺栓应拧紧。工字钢轨道应尽量在地面组对连接校正检查后整体吊装就位。

检查验收电动葫芦的规格、型号是否符合设计要求，技术文件是否安全，包括电动葫芦的使用说明书、合格证。电动葫芦车轮凸缘内侧与工字钢车轮翼缘的间隙，应符合设备技术文件的要求。无规定时，可按表 4-22 的规定执行。

电动葫芦车轮凸缘内侧与工字钢车轮翼缘的间隙　　表 4-22

项次	起重量（t）	单边间隙（mm）
1	0.25～0.5	1.5～3
2	1～2	2～4
3	3～5	2.5～5

4.2.5.3　污水提升泵（潜水泵）及其他泵类安装

泵安装应满足《风机、压缩机、泵安装工程施工及验收规范》GB 50275—2010 的有关要求。

（1）定位

泵的安装基准线根据建筑轴线，设备的平面位置及标高进行检查、复核（按随机技术文件要求），如无要求，可按表 4-23 的规定执行。多台排列安装的泵应保证位置、标高一致。

泵安装允许偏差　　表 4-23

项次	项目		允许偏差（mm）	检验方法
1	与泵站建筑轴线距离		±20	用钢卷尺检查
2	安装基准线	平面位置	±10	用水准仪和钢尺检查
3		标高	−20	

（2）地脚螺栓和垫铁

地脚螺栓应配合设备地脚螺栓孔尺寸进行安装，应保证垂直，螺母下垫下平垫、弹垫，找平设备后，拧紧螺母，扭力矩应一致。垫铁与设备底面应接触紧密。

（3）设备安装

与甲方、监理、供货商共同开箱，按设备到货清单清理设备，检查到货设备的外观质量，附件及设备的使用、安装、维护说明书、合格证。设备及配套附件清理完后，转至安装单位的现场库房妥善保管。

采用吨位合适的叉车将设备转至安装地点，采用已装好的电动葫芦吊至安装位置，安装好后的泵，应检查泵体（基座）和电动机（座）的水平度、垂直度，允许偏差符合规范要求。检验方法：用水平尺在泵的底座、泵壳水平中分面、轴颈或外露部分检查。

检查电机与泵轴同心度，保证符合规范要求。

联轴器同心度允许偏差符合表 4-24 的要求。

联轴器同心度允许偏差 **表 4-24**

联轴器直径 D（mm）	两轴同轴度允许偏差	
	径向偏差（mm）	轴向偏差
105～170	0.05	0.2/1000
190～260	0.05	0.2/1000
260～350	0.10	0.2/1000
410～500	0.10	0.2/1000

泵体进出水口法兰中心线与进出口水管法兰中心线应一致，并做好安装记录。

出厂时已装配，调整完善的部分不得拆卸。整体出厂的泵在保修期内，其内部零件宜拆卸。

(4) 设备试运转

检查安装记录、各项技术指标应记录齐全，并符合质量要求。

试运转，尽量采用正式电源，若正式电源未形成，而采用临时电源须有相应的供电措施，设备试运转前应先检查试验电机，电机试验合格后再与泵连接，试泵前应按规定加足润滑油，试泵时应保证进出水畅通。逐台开车连续运转，必须达到要求。

运转参数达到设计及产品说明书要求，包括扬程、流量等；各法兰连接处不得有渗漏，设备螺栓、设备与基础间均不得松动；填料压板松紧适当，应有少量水滴出，温度不得过高；电动机电流值不应超过规定值（注意波动电流的测定）；设备运转时应平衡，无异常声音，无较大的振动；轴承温升符合设备技术文件规定或规范要求。

填料密封或机械密封的泄漏量应符合设备技术文件的规定，无规定时，应符合表 4-25 的规定。

密封泄漏量 **表 4-25**

设计流量（m^3/h）	<50	≥50，<100	≥100，<300	≥300，<1000	>1000
泄漏量（mL/min）	15	20	30	40	60

污水潜水泵整机试运转，先可点动空转，但空转次数及时间都很短。在保证水泵正常，污水泵房池底及泵蜗壳内基本清洁的情况下，向污水泵房池底注水，注水高度应在设计最低水位与正常水位之间，且必须保证试运转时池中水位在此范围内。水源可从地下降水引来，污水泵提升的水可作为后续池设备负荷试运转用。

设备安装完成后及时包扎水泵进出水口及泵整体，做好成品保护。

4.2.5.4 铸铁闸门（包括方、圆闸门及启用机）安装

（1）安装方法

检查土建闸门门洞几何尺寸及预埋件情况。其安装位置、方向，必须达到设计标高要求，并按正确水压方向安装。

门框安装横向必须水平，纵向必须垂直，偏差不得大于 5/1000。门框水平度用水平仪测量，门框铅垂度用铅垂线和钢板尺测量。

启闭位，用线坠和钢板尺，定出启闭闸门中心垂直线和起吊中心点（应在同一垂线上），垂直度偏差在全长内不大于 5/1000。

中间丝杆导架安装，丝杆导架孔中心应与轴中心在同一垂线上，丝杆在丝杆孔中无卡阻和碰擦。用塞尺和钢板尺检查。

（2）启闭器安装

与甲方、监理共同开箱验收闸门到货物件及设备技术文件（说明书、合格证等）和设计图，采用汽车起重机配合安装。启闭器底板与平台表面有良好的接触，采用焊接或螺栓连接。下部用垫铁填实后进行二次灌浆。启闭器用黄油润滑，螺杆外露部分涂黄油。

（3）调试

速闭闸门应开闭操作灵活、动作到位，无卡住、突跳现象，无异常声响。

启闭针，限位器与闸门上下位置相符。全行程上下四次。

（4）防腐

平台下部，包括速闭闸门、中间丝杆座（闸门接触面外）涂 H702 环氧富锌底漆一道，H52-60 环氧煤沥青面漆两道。平台上部，表面涂刷红丹底漆两道，灰调合漆两道。

类似格栅间的铸铁闸门，其启闭丝杆压杆稳定性较差，特别是闸门被污水杂物卡阻时，关闭闸门极易压弯丝杆，故可多增加两组导向支架。

4.2.5.5 粗、细格栅机安装

（1）安装准备

粗、细格栅均安装于室内，土建施工时，完成池盖板施工后即可暂停施工，待设备安装就位后再建上部。

（2）基础检查

安装位置和标高应符合设计要求，用钢卷尺检查。重点复测建筑池体尺寸，包括池体宽度、垂直度、表面平整度，必须达到规范及设备说明要求，确保设备吊装顺利下池，设备侧垂直度、标高、倾角等达到要求。

格栅机安装在混凝土平台上时，与地脚螺栓连接牢固，螺母拧紧。如有垫铁，每组垫铁不应超过三块，垫块放置平衡，位置准确，接触良好，并用电焊焊牢。

（3）格栅安装

与甲方、厂家共同开箱验收，检查外观质量、随机技术文件（说明书、合格证等）。

按随机说明书要求现场组对，汽车起重机配合，组装精度必须达到要求。

粗格栅在指定场地组装后，运至格栅间房，将格栅机上端吊起后垂直入池中就位，格栅机近池底时可以用非机械（捯链）牵引，保证其在与池底平面的正确位置就位。

调整格栅机的几何位置倾角，以水平尺检查格栅链轴的水平度及平行度；通过调整链位置的张紧装置使链条张紧度满足说明书及规范要求；调校格栅间距；调校除污耙、刮渣耙，保持与格栅间距均匀，无严重刮擦；安装挡渣板等附件。

传动装置重点检查电机绝缘和变速箱的润滑油，按设计要求正确安装过载保护装置电气部分及机械部分，保证其安全可靠。

格栅机的调试及试运行方案根据说明书及厂家要求，另行编制，其手动、电动操作各动作均应准确无误、自如、平衡、无抖动阻卡现象。

（4）防腐

在设备安装完毕及调试运行后，涂刷两道加强级环氧煤沥青漆或按设计要求进行防腐。

4.2.5.6 无轴螺旋输送机安装

（1）基础检查

螺旋输送机无另浇筑的混凝土基础，其反架直接安装在混凝土板上，板面要求平整，预埋钢板（或预留孔）位置正确，平面位置偏差允许偏差值为±20mm，标高允许偏差值为20mm。

（2）设备安装

与甲方、厂家共同开箱验收，检查外观质量、随机技术文件（说明书、合格证等）。

无轴螺旋输送机为组装件，设备组装合格后就位后，以垫铁找平，水平度调好后将垫铁组用电焊焊牢，拧紧地脚螺栓。

检查联轴器同心度。

（3）试车检验

用手盘车灵活，无异常现象。

无轴螺旋与U形槽，衬板的间距按设备说明调整，均匀、无摩擦。

设备无载、有载试运行应平衡、无抖动、阻卡等现象。

（4）防腐

在设备安装完毕及调试运行后，涂刷两道加强级环氧煤沥青漆或按设计要求进行防腐。

根据以往同类污水处理厂运行情况，城市污水中含有大量大块污染物，且质地较硬，经常卡阻格栅机，使其无法正常工作。

4.2.5.7　钟式沉砂池吸砂机

安装位置和标高应符合设计要求，顶部预留孔、中部锥形、底部锥形均应在同一轴线上。平面位置偏差不应大于±20mm。

与甲方、厂家共同开箱验收，检查外观质量、随机技术文件（说明书、合格证等）。

用汽车起重机配合吊装。吸砂机安装的关键在于保证中心筒、吸砂管的垂直和中部锥底处的旋转叶轮的水平，叶轮与混凝土结构中部锥底的间隙应均匀，符合设计和说明书要求。机座安装水平坐标、标高必须精确，水平度符合要求。通过铅垂吊线、水平尺、钢板尺检查、调整垂直度、水平度及间隙。

4.2.5.8　螺旋砂水分离器

检查基础与设备的定位尺寸是否重合，偏差允许值为±20mm。

与甲方、厂家共同开箱检查，按装箱单清点设备及配件是否齐全，检查外观质量、随机技术文件（说明书、合格证等）。

4.2.5.9　曝气转碟

（1）基础检查

安装位置和标高应符合设计要求，平面坐标位置偏差允许值为±20mm，标高偏差允许值为－20mm。且多条氧化沟的基础相对位置应保证安装后曝气转碟在同一直线上，且相对标高偏差小于20mm。

预留孔按设计和设备说明书检查位置、规格及深度。

曝气转碟安装在混凝土牛腿基础上，与地脚螺栓连接牢固，拧紧螺母。如有垫铁，每组垫铁不应超过三块，垫铁放置平整，位置准确，接触良好，并用电焊焊牢。

（2）曝气转碟安装

螺气转碟出厂时转轴可整体吊装，如需现场组装，则需另行安排组装场地及临时库房，制作简易支架，按设备说明书要求进行组装。

曝气转碟安装用汽车起重机吊装，吊装前设备必须有安全的保护，防止转碟变形。曝气转碟一般台数较多，由于施工位置的限制，转碟必须在池顶间水平转运。转运用人工拖支，以工字钢制作临时轨道，以角钢制作设备底拖排，以捯链为动力转运到位。

通过调整曝气转碟两端的轴承座的位置、标高及同心度来调整安装精度。安装质量标准按设备说明书要求。

（3）设备试运转及防腐

设备安装合格后可进行试运转，手动盘车，无载试车均应转动灵活，无卡阻、突跳现象。两端轴承、减速箱应注入适量润滑油，无渗漏。负荷试运转2h，应运转平稳，无异常振动。两端轴承温升符合设备技术文件或规范要求。

设备试运转前应做防腐处理，涂刷两道 H52 环氧煤沥青面漆或按设计要求进行防腐。

4.2.5.10 GMZ 中心驱动刮渣机

该刮渣机为双轨往返式工作，设备及轨道安装应满足供货厂家技术说明，同时满足《起重设备安装工程施工及验收规范》GB 50278—2010 中轨道安装的要求。

（1）基础检查

清理土建预埋钢板，检查是否埋设稳固。

用水准仪复测土建池壁轨道基础，检测土建预埋钢板的标高、水平位置、水平度及平行度。

（2）设备安装

与甲方、厂家共同开箱验收，检查外观质量、随机技术文件（说明书、合格证等）。

安装刮渣机轨道，钢板找平找正及跨距调整以垫铁调整实现。垫铁放置平稳，调整好后用电焊焊牢，焊接连接螺栓，按规范安装钢轨，以压板压牢，安装车挡。

以汽车起重机和卡车转运，吊装刮渣机，刮渣机在池顶的转运可依照曝气转碟的方法。设备组装及技术要求按厂家提供的设备总装图及说明安装。

(3) 设备试运转、防腐

设备安装合格后可进行试运转，检查刮渣机限位装置、电机及变速箱润滑是否正常。手动盘车、无载试车均应转动灵活。负荷试运转正常，无异常振动，变速箱、轴承温升正常。

设备防腐涂刷两道 H52 环氧煤沥青面漆或按设计要求进行防腐。

4.2.5.11 板框厢式压滤机安装调试方法

(1) 安装方法

按照供方提供的底脚尺寸设计预埋孔，采用两次灌浆法。

压滤机周围应留有足够空间，以便于操作和维护保养。

压滤机应水平放置在地坪上，后顶板用地脚螺栓固定在基础上。地脚螺栓一般只固定后顶板，拉杆由于板框的压力产生一定的向下弯曲，当压滤机压紧工作时，拉杆被拉直，从而产生少量位移，如果两端同时固定，有可能导致压不紧或者损坏机架。

滤布的材质、规格按照过滤的物料、压力、温度而定，应选择适宜的滤布。

板框按照要求整齐地排放在机架上，将加工好的滤布整齐地排在滤板上，注意滤板间进料孔和漂洗孔相对应。

接通电源，检查是否正常。机械传动要检查电机正反转是否符合要求，减速箱、机头油杯是否加满，丝杆、齿轮润滑油是否加好。液压传动检查齿轮泵。

(2) 调试方法

板框厢式压滤机四周应有足够的操作维护空间，板框厢式压滤机要选择适当的位置放置液压站，确保液压站能正常工作。

板框厢式压滤机应安装在平整的混凝土基础上。进料端的止推板机脚用地脚螺栓固定在基础上；地脚螺栓定位后用两只螺母锁紧，螺母垫片与机脚座之间留适当间隙，机脚可微量伸缩。

液压板框厢式压滤机，油箱内注入清洁的 20 号～40 号液压用机械油，使用温度大于－5℃，液压油须经 80～100 目滤网加入。

地基结构应由建筑工程人员按设备负荷情况进行设计，地脚螺栓以预留孔位两次灌浆为宜。

按工作要求放好滤板，布置进料、洗涤及排液管路。配备过滤压力显示表和控制过滤压力的回流通道。

机械或液压压紧装置，接通电源启动电机应工作正确。液压压紧加压时压力表应平稳上升，液压系统无泄漏现象。

（3）保养

为了更好地利用和管理板框压滤机，提高产品质量，延长设备寿命，日常维护和保养板框压滤机是一个必不可少的环节，因此需做好以下几点：

经常检查板框压滤机的各连接部件有无松动，应及时紧固调整。

要经常清洗、更换板框压滤机的滤布，工作完毕时应及时清理残渣，不能在板框上干结成块，以防止再次使用时漏料。经常清理排水孔，保持畅通。

要经常更换板框压滤机的机油或液压油，转动部件要保持良好的润滑。

压滤机长期不用应上油封存，板框应平整地堆放在通风干燥的库房，堆放高度不超过 2m，以防止弯曲变形。

4.2.6 结束语

虽然污废水处理还不属于制药厂核心工艺，但在制药厂生产过程中起着至关重要的作用。在日益关注和重视节能减排的大环境下，污废水处理逐渐成为每个制药厂的关键生产过程，各项污废水排放指标的落实也成了各个制药厂的主要生产指标和考核指标。

随着污废水处理技术的日臻完善和不断创新，污废水处理系统的安装技术也逐渐成熟，形成了一系列的施工标准及工艺文件，并与污废水处理技术同步发展、创新。

污废水处理系统安装过程是实现制药厂投资、设计理念以及各项功能的关键过程，安装和调试质量直接影响到制药厂的安全、环保、经济运行，也是施工企业完美履约和实现企业质量理念的关键。

4.3 洁净厂房超精地坪施工技术

4.3.1 概述

随着国内制造业的发展，越来越多的生产和研究型厂房得以建设。厂房建设中的地坪施工是施工质量和感官质量要求很高的一项工程，针对存在特殊工艺的厂房则有超精地坪施工要求。

超精地坪是目前最高规格和最高标准的一类地坪，它采用特殊的施工技术，为提高地面的平整度、耐磨度及延长地面使用寿命而设计，在生产车间、物流仓储地面发挥出极大的优势。超精地坪可以满足特殊设备安装及满负荷状态下对地面水平度及平整度的要求，使得设备安装简易，无须反复调整平衡，满足高位叉车正常作业对平整度的要求，延长高位叉车的使用寿命，大大降低了设备维修率，提高了厂房生产效率。

传统地坪施工多用人工找平，施工效率低下，施工质量不高，地坪平整度达不到高精度要求。超精地坪采用激光平整机结合人工的施工方法。

4.3.2 特点

采用激光平整机结合人工施工地坪，与纯人工施工相比，在保证平整精度的同时能减少人工开支，提高地坪施工效率，节省工期。

采用人工配合激光平整机施工厂房大面地坪，避免了多数工人在工作面进行施工时容易出现的质量问题，通过机器控制使施工质量和感官质量得以保证。

采用激光平整机，在施工过程中即可控制地坪摊铺精度，减少多次复核修改，成型率高，保证厂房用高精平整度要求。

适用于工业厂房需要超高平整度、耐磨、耐冲击的地面，需要承受较大负荷或较频繁的作业区域，要求洁净的生产区域。适用于公共设施和商业场所，如购物中心、影剧院、医院、停车场、仓库、货物通道、装卸码头以及重载机械厂、工厂的生产车间、加工车间和机器维修车间等。

以某光电所项目为例，精密光学实验楼一层地坪，因存在多处防微振设备基础，该范围地坪属于超精地坪，具有高精平整度要求。

4.3.3 工艺流程及操作要点

准备工作→混凝土泵送（图 4-16）→标高校核→混凝土铺筑（图 4-17）→手动整平→硬化剂施工→超精抹面（粗抹、精抹、终抹）→养护。

图 4-16 混凝土泵送

准备工作：对激光整平机进行设备调试，根据原始水准点引做 2 个基准水准点。铺设塑料薄膜，绑扎钢筋网，支设边模。架设激光发射器，根据原始水准点引地坪标高到激光整平机。

混凝土泵送：用拖式混凝土泵将纤维混凝土泵送至地坪施工现场。纤维在搅拌站按设计掺量预先拌和好，由混凝土搅拌运输车运送到施工现场。

图 4-17　混凝土铺筑

标高校核：在大面积施工之前，首先使用设备进行试做，然后使用水准标尺对地坪标高进行校核，将标高系统调整到最佳水平。

混凝土铺筑：在激光整平机伸缩臂有效范围内，先用人工将混凝土大致摊铺开来，然后用激光整平机一次性完成振捣、压实、整平工作。

手动整平：使用手动式整平器进行再次整平，把浮游物、表面气泡等刮平，可以提高地坪的平整度。

硬化剂施工：在混凝土粗抹调出浆头后，需要按照规定用量 2/3 的硬化剂均匀地撒布在混凝土表面，完成第一次撒布后，待硬化剂材料吸收一定水分后，用抹光机进行打磨。

待硬化剂到一定阶段后，再撒布剩余 1/3 的硬化剂，待硬化剂材料吸收一定水分后用抹光机再次进行打磨，抹光机磨面应纵横向交错进行。

视地面的硬化程度，调整抹光机叶片的运转速度和角度，抹光机的打磨时间可根据地面的实际情况来定。

抹面：

(1) 粗抹

混凝土初凝时，采用圆盘均匀反复抹光压实，每抹一遍结束后，要待混凝土表面水分蒸发后再进行下一次打抹。同时用 3.5～5.5m 刮尺进一步进行刮抹整平。

（2）精抹

混凝土终凝前，约在混凝土浇筑后 8h，使用双圆盘抛光机进行抛光，使用圆盘研磨后再使用刀片抛光，使地坪光泽度均匀。

（3）终抹

约在混凝土终凝前 1h，其表面已基本凝固，施工人员再进行一次全面检查，对于不符合要求的部位，用抹光机进一步压光抹实。

养护：混凝土磨光结束后，至少 7d 不得在混凝土地坪上移动重物，并保持湿润养护状态，为了防止表面污染，可以使用塑料薄膜等材料进行养护，养护期间人员不得随意进入。

操作要点：

基层混凝土浇筑应在室内场地进行，可以采用地面摊铺机进行大面积施工，但要求尽可能一次性浇筑至设计标高。

大面积地坪浇筑应采用隔跨浇筑，保证现场有充足的作业面，减少模板支设。采用木方用作模板隔成条形区段，木方上口用仪器控制好地坪面层标高。木方下口缝隙用钢筋或钢板垫实，防止木方下沉影响地坪标高。

加强成品保护意识，严禁人为破坏和污染，作业时有小面积污染时，应立即清洗干净，恢复原状。

4.3.4 材料及设备

施工现场主要施工机具、材料见表 4-26。

施工现场主要施工机具、材料　　表 4-26

序号	名称	单位	施工用途
1	激光平整机	台	整平地面
2	收光机	台	抹面收光
3	吸尘器	台	完成面除尘
4	小推车	辆	运输材料
5	铁抹子	个	人工局部抹面
6	木枋	米	模板支设

4.3.5 质量控制

环境应清洁，不允许尘土飞扬，对存在隐患的部位进行封闭。不能低于最低施工温度。固化期严禁人员进出，采取封闭施工。

表面应具有一定的强度和坚固性，无酥松、脱皮、起壳、粉化等缺陷，施工前首先要清除基层表面黏附物，使基层表面整洁，对大型打磨机施工不到的部位（如墙角等）需用手持式打磨机进行打磨，以保证所有地面的粘结强度。

建立以工程技术人员为核心的现场技术攻关组，对施工现场进行巡回检查和突击抽查，发现问题及时解决，及时整理包括产品质量保证书、检测报告、质量管理文件等一系列资料。

4.3.6 安全措施

认真贯彻执行国家颁发的有关政策法令和规章制度，以项目经理为首建立安全责任制，逐级落实，各负其责，杜绝伤亡事故和火灾事故的发生。

利用标语、会议等各种形式，经常进行安全宣传教育，做到人人重视安全。工人进场，应进行入场教育，安排生产任务，必须进行安全技术交底（口头交底、书面记录）。

所有进入施工场地的作业队伍，必须严格遵守公司和项目部制定的系列管理制度，服从项目的统一指挥、统一管理和统一组织协调。

施工场地内实行封闭施工，施工人员必须持证上岗，禁止穿拖鞋或光脚，闲杂人员不准进入施工现场。

严禁违章操作，安全生产人人有责。

遵守国家有关安全操作规程的规定，在显要位置设置醒目的有关安全文明生产标志牌，各种施工机具专人管理，非操作人员不得操作。

4.3.7 文明施工

严格按照操作规程施工，禁止野蛮作业。

施工作业垃圾及时清理、归堆，并放置在建设单位指定的地点，做到工作面的工完场清，保持清洁卫生，不造成人为浪费。

现场电线线路不得随意乱搭乱接，电动设备必须一机一闸。

讲文明，尊敬上级，团结同事，不说脏话，不打架，不酗酒闹事。

与其他专业多协调沟通和密切配合，未经许可，不准随意乱动其他专业的物品。

做好成品保护工作，不随意乱涂乱画，保护好自己的成品，不损坏其他单位的物品。

施工材料堆放整齐，保证场地有序，道路畅通。

施工现场按防火、防触电等安全施工要求进行布置，并布置各种安全标识。

做好施工防护工作，配备配齐劳动保护用品。

混凝土预先拌和好，由混凝土搅拌运输车运送到施工现场。

4.4 制药厂防水、防潮技术

4.4.1 制药厂建筑屋面防水施工工艺

制药厂建筑屋面防水通常采用2层3mm厚高聚物改性沥青防水卷材，通常屋面排水坡度为2%，卷材宜平行屋脊铺贴，且上下层卷材不得相互垂直铺贴。采用热熔法满粘SBS防水卷材。同时女儿墙部分采用带页岩卷材。

屋面女儿墙防水从结构层起至女儿墙防水收头处，高度为0.5～1m。屋面坡度小于3%时，卷材宜平行屋脊铺贴。上下层卷材不得相互垂直铺贴。

4.4.1.1 作业条件

施工前审核图纸，编制防水工程施工方案，并进行技术交底；屋面防水必须由专业队施工，持证上岗。

铺贴防水层的找平层表面，应将尘土、杂物彻底清除干净。

找平层的施工质量应符合设计及规范要求，表面应顺平，阴阳角处应做成圆弧形。

卷材及配套材料必须验收合格，规格、技术性能必须符合设计要求及标准的规定。存放易燃材料应避开火源。

检查找平层含水率是否满足铺贴卷材的要求：将 $1m^2$ 卷材在阳光（白天）下铺放于找平层上，3～4h 后，掀起卷材检查无水印，即可进行防水卷材的施工。

4.4.1.2 工艺流程（热熔法施工）

基层处理→涂刷基层处理剂→铺贴卷材附加层→铺贴卷材→热熔封边→蓄水或淋水试验。

（1）基层处理

找平层施工及养护过程中都可能产生一些缺陷，如局部凹凸不平、起砂、起皮、裂缝以及预埋件固定不稳等，故防水层铺设前应及时修补缺陷。

① 凹凸不平。如果找平层平整度超过规定，则隆起的部位应铲平或刮去重新补做，低凹处应用 1∶2.5 水泥砂浆掺加水泥质量的 15% 108 胶补抹，较薄的部位可用掺胶的素浆刮抹。

② 起砂、起皮。对于要求防水层牢固粘结于基层的防水层必须进行修理，起皮处应将表面清除，用掺加 15% 108 胶水的素浆刮抹一层，并抹平压光。

③ 裂缝。应对找平层的裂缝进行修补，尤其对于开裂较大的裂缝，应予认真处理。

当裂缝宽度小于 0.5mm 时，可用密封材料刮封，其厚度为 2mm、宽度为 30mm，上铺一层隔离条，再进行防水层施工；若裂缝宽度超过 0.5mm 时，应沿裂缝将找平层凿开，为上口宽 20mm，深 15～20mm 的 V 形缝，清扫干净，缝中填嵌密封材料，再做 100mm 宽的涂料层。

④ 预埋件固定不稳。如发现水落口、伸出屋面管道及安装设备的预埋件安装不牢，应立即凿开重新灌筑添加微膨胀剂的细石混凝土，上部与基层接触处留出 20mm×20mm 凹槽，内嵌填密封材料，四周按要求做好坡度。

施工前将验收合格的基层表面尘土、杂物清理干净。

（2）涂刷基层处理剂

基层处理剂要视高聚物改性沥青防水卷材的品种而定，不可错用。大面积涂刷基层处理剂前，应先用毛刷对屋面节点、周边、拐角、水落口、阴阳转角做先行涂刷，等基层处理剂干燥后，对落水口、阴阳转角等先做附加层处理。附加层铺贴完成后对大面进行热熔满粘 SBS 防水卷材铺贴。基层处理剂应按产品说明书配套使用，将氯丁橡胶沥青胶粘剂加入工业汽油稀释，搅拌均匀，用长把滚刷均匀涂刷于基层表面上，常温经过 4h 后，开始铺贴卷材。

（3）铺贴卷材附加层

一般用热熔法使用改性沥青卷材施工防水层，在女儿墙、水落口、管根、阴阳角等细部先做附加层。附加层宽度为每边 250mm。附加层从屋面最高处上返 250mm，在女儿墙及高出屋面部位弹水平线，为卷材铺贴高度线。

（4）铺贴卷材

卷材的层数、厚度应符合设计要求。卷材宜平行于屋脊铺贴；铺贴卷材宜采用搭接法，上下层及相邻两幅卷材的搭接缝应错开。平行于屋脊的搭接缝应顺流水方向搭接；叠层铺设的各层卷材，在天沟与屋面的连接处应采用叉接法搭接，搭接缝应错开；接缝宜留在屋面或天沟侧面，不宜留在沟底。第二层铺设时接缝应错开。铺贴时随放卷随用火焰喷枪加热基层和卷材的交界处，喷枪距加热面 300mm 左右，经往返均匀加热，趁卷材的材面刚刚熔化时，将卷材向前滚铺、粘贴，搭接部位应满粘牢固，搭接宽度满粘法不小于 80mm。

（5）热熔封边

将卷材搭接处用喷枪加热，趁热使二者粘结牢固，以边缘挤出沥青为度；末端收头用密封膏嵌填严密。

（6）蓄水或淋水试验

防水层铺设完成后，至少放 25mm 深（最高点）的水进行 24h 蓄水试验，并堵住所有的出水口，经确认没有渗漏后，办理隐检及蓄水试验手续。若现场无条件蓄水，也可在雨后或持续淋水 2h 后检查屋面有无渗漏、积水，排水系统是否畅通，经确认没有渗漏后，办理隐检及淋水试验手续。

天沟、檐沟、檐口、泛水和立面卷材收头的端部应裁齐，塞入预留凹槽内，用金属压条钉压固定，最大钉距不应大于900mm，并用密封材料嵌填封严。

4.4.1.3 防水工程质量要求、检验与验收

（1）质量要求

建筑防水工程各部位达到不渗漏，不积水。防水工程所用各类材料均应符合质量标准和设计要求。

（2）基层要求

基层（找平层）表面平整度不应大于5mm，表示无酥松、起砂、起皮现象。平面与突出物连接处或阴阳角等部位的找平层，应抹成圆弧并达到规范规定或设计要求。防水层作业前，基层应清洁、干燥。坡度应准确，排水系统应通畅。

（3）细部构造要求

细部构造处理均应达到设计要求，不得出现渗漏现象。

（4）卷材防水层要求

铺贴工艺应符合标准规定和设计要求，卷材搭接宽度准确，接缝严密。平立面卷材及搭接部位卷材铺贴后表面应平整，无皱折、鼓泡、翘边，接缝牢固、严密。

（5）密封处理要求

密封部位的材料应与基层紧密粘结。密封处理必须达到设计要求，嵌填密实，表面光滑、平直。不得出现开裂、翘边、鼓泡、龟裂等现象。

（6）防水施工检验

找平层和刚性防水层的平整度，用2m直尺检查，面层与直尺间的最大空隙不超过5mm，空隙应平缓变化。

屋面工程在施工中应做分项交接检验，未经检查验收，不得进行后续施工。防水层施工中，每一道防水层施工完成后，应由专人进行检查，合格后方

可进行下一道防水层的施工。

检验屋面有无渗漏水、积水，排水系统是否畅通，可在雨后或持续淋水2h以后进行。有可能做蓄水检验时，蓄水时间为24h。

各类防水工程的细部构造处理、各种接缝、保护层等均应做外观检验。

各种密封防水处理部位和地下防水工程，经检查合格后方可隐蔽。

(7) 防水层的质量标准

1) 主控项目

卷材防水层所用卷材及其配套材料，必须符合设计要求。

检验方法：检查出厂合格证、质量检验报告和现场抽样复验报告。

卷材防水层不得有渗漏或积水现象。

检验方法：雨后或淋水、蓄水检验。

卷材防水层在天沟、檐沟、檐口、水落口、泛水、变形缝和伸出屋面管道的防水构造，必须符合设计要求。

2) 一般项目

卷材防水层的搭接缝应粘（焊）结牢固，密封严密，不得有皱折、翘边和鼓泡等缺陷；防水层的收头应与基层粘结并固定牢固，缝口封严，不得翘边。

检验方法：观察检查。

卷材防水层上的撒布材料和浅色保护层应铺撒或涂刷均匀，粘结牢固；水泥砂浆、块材或细石混凝土保护层与卷材防水层间应设置隔离层；刚性保护层的分格缝留置应符合设计要求。

检验方法：观察检查。

排汽屋面的排气道应纵横贯通，不得堵塞。排气管应安装牢固，位置正确，封闭严密。

检验方法：观察检查。

卷材的铺贴方向应正确，卷材搭接宽度的允许偏差为－10mm。

检验方法：观察和尺量检查。

4.4.1.4 成品保护

已铺设好的卷材防水层，应严防施工机具和坚硬物的破坏。

铺设完工后，应及时清扫，排水口处不得有杂物堵塞，以确保排水畅通。

防水层施工时，施工人员应穿软底鞋，运输材料时必须在通道上铺设垫板、防护毡等。

小推车往外倾倒砂浆或混凝土时，应在其前面放上垫木或木板进行保护，以免小推车前端损坏防水层。

在防水层上架设梯子或架子立杆时，应在底端铺设垫板或橡胶板等。

防水层上需堆放保护层材料或施工机具时，也应铺垫木板、铁板等，以防戳破防水层。

4.4.1.5 施工要点及注意事项

防水层贴入水落口杯内不应小于 50mm。水落口杯与地基接触处应留宽 20mm、深 20mm 的凹槽，并嵌填密封材料。

变形缝的泛水高度不应小于 250mm，防水层应贴到变形缝两侧墙体上部，变形缝内应填充聚苯乙烯泡沫塑料，上部填放衬垫材料，并用卷材封盖。变形缝顶部应扣混凝土或金属盖板，混凝土盖板的接缝应用密封材料嵌填。

管道上的防水层收头处应用金属箍紧固，并用密封材料封严。

上下层卷材不得相互垂直铺贴，铺贴卷材搭接时上下层及相邻两幅卷材的搭接缝应错开。

防水层施工应严格检查屋面的排水坡度，而且还必须检查天沟、水落口、地漏、伸出屋面管道周围等坡度。

控制找平层的平整度，否则粘贴卷材时胶粘剂无法涂刷均匀，卷材也就不能铺贴好。

已铺贴好的卷材防水层，应采取措施进行保护，严禁在防水层上进行施工作业和运输，并应及时做防水层的保护层。

穿过屋面、墙面防水层处的管位，施工中与完工后不得损坏和移位。

屋面变形缝、水落口等处，施工中应进行临时堵塞和挡盖，以防落进异物，施工完后将临时堵塞、挡盖物清除，保证管、口内畅通。

屋面施工时不得污染墙面、檐口侧面及其他已施工完的成品。

施工时应找好线，放好坡，做到坡度符合要求，平整、无积水。

铺贴卷材时基层不干燥，铺贴不规范，边角处易出现空鼓；铺贴卷材应掌握基层含水率，不符合要求不能铺贴卷材，铺贴时应压平、压实，压边紧密，粘结牢固。

渗漏多发生在细部位置。铺贴附加层时，应使附加层紧贴到位，封严、压实，不得有翘边等现象。

热熔施工的各种材料，均属易燃物品，存放材料的库房和施工现场，必须严禁吸烟，周围不允许有电气焊同时施工，并应配备干粉灭火器。施工人员必须戴好防火手套、口罩等防护用品。

设专人管理火焰喷枪，点燃后的火焰喷枪禁止对人和卷材放置。喷枪使用前，检查液化气钢瓶开关及喷枪开关等各环节的气密性，确认完好无损后方可使用；喷枪点火时，喷枪开关不能旋到最大状态，应在点燃后缓缓调节。注意喷枪火焰与卷材的距离、加热时间和移动速度，以免卷材过热而变质。

热熔后的卷材防水层不得立即上人，施工后的卷材表面不得堆放材料。

屋面防水施工如图 4-18 所示。

4.4.2 制药厂建筑地面防水施工工艺

4.4.2.1 基层处理

地面清除干净，浇水湿润。

4.4.2.2 防水砂浆配比

水泥：中砂＝1：2.5，防水剂掺量为水泥用量的 3%，搅拌均匀，水泥强度等级不能低于 32.5，普通硅酸盐水泥或硅酸盐水泥、中砂含泥量不超过 2%，水灰比不大于 0.55。

4.4.2.3 施工方法

地面施工厚度 40mm，三抹三压一次成活，每抹一遍收水时再二次压实一

图 4-18　屋面防水施工

次。墙角做圆角，踢脚线高度100mm，在管道根部划槽，宽、深7～8mm。有装饰要求时，防水层二次压光后搓成麻面。压光时不应用素灰或水泥浆。

4.4.2.4 嵌胶方法

防水砂浆七八成干，用铁刷将槽内两侧浮浆清除，刷底涂，用S型密封胶密封。

注意事项：

S型密封胶未固化前禁止浸水。

找坡、水漏处低于地面。

防水层施工时必须纵横交叉进行。

上一遍防水层未干时不得上人走动。

5 工 程 案 例

5.1 赛诺菲巴斯德流感疫苗生产项目工程

5.1.1 工程图片

赛诺菲巴斯德流感疫苗生产项目工程如图 5-1、图 5-2 所示。

图 5-1 工程效果图组图（一）

图 5-1 工程效果图组图（二）

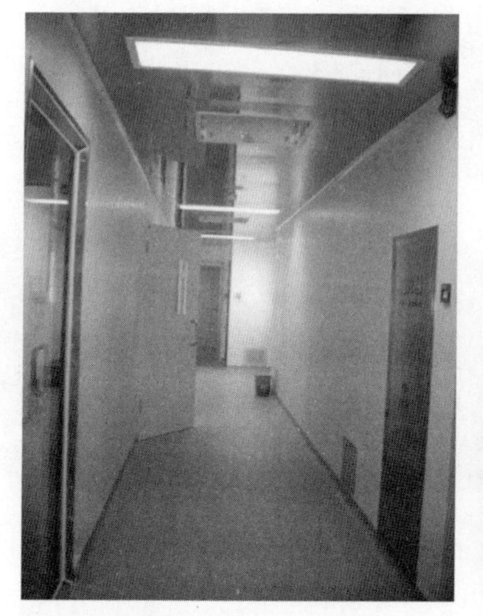

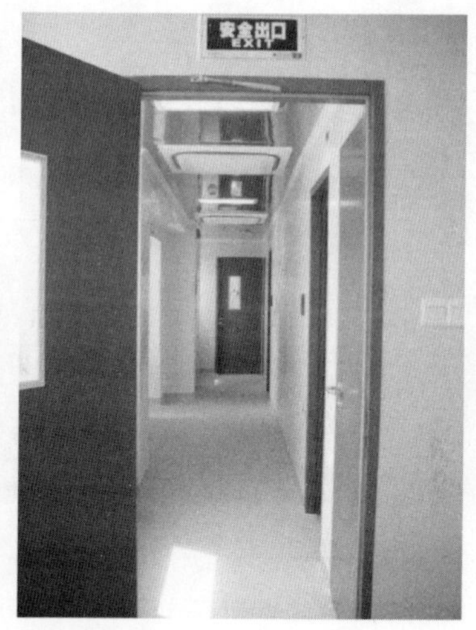

图 5-2 洁净区完成照片

5.1.2 工程简介

该工程为深圳赛诺菲巴斯德生物制品有限公司在广东深圳工业园区的一期项目。一期项目总建筑面积约为 17553m^2，主要由两栋主厂房和一些零星辅助构筑物，以及室外工程及园林景观配套工程组成。结构施工采用清水混凝土施工技术。洁净室面积 5200m^2，局部洁净等级达到了百级。

5.2 天坛生物制药厂 105 号疫苗生产厂房

5.2.1 工程图片

天坛生物制药厂 105 号疫苗生产厂房如图 5-3、图 5-4 所示。

图 5-3 工程效果图

图 5-4 风管照片

5.2.2 工程简介

该工程洁净室面积约 30000m^2，洁净等级局部达到百级。该工程工期 666 日历天，工程范围内容较全，包括主体土建工程、洁净装饰工程、净化空调工程、纯水纯气工艺管道工程、公用动力工程、给水排水工程、电气照明工程、污废水处理工程、自动控制工程等。

5.3 北大生物城甲型肝炎灭活疫苗工程

5.3.1 工程图片

北大生物城甲型肝炎灭活疫苗工程如图 5-5、图 5-6 所示。

图 5-5 工程效果图

图 5-6　工程完工照片

5.3.2　工程简介

北大生物城甲型肝炎灭活疫苗工程，位于北京市海淀区上地信息产业基地，地理位置优越，交通便利，是发展生物工程产业的理想环境。

该工程由一座二层厂房、一座办公楼组成，总建筑面积约 5000m^2，结构形式为轻钢结构及现浇混凝土框架结构，工程承包范围包括基础及土方开挖、主体结构、粗装修、精装修、总图、电气、暖卫、通风系统等内容。

5.4　深圳葛兰素史克海王流感疫苗改造及空调工程

5.4.1　工程图片

深圳葛兰素史克海王流感疫苗改造及空调工程如图 5-7、图 5-8 所示。

图 5-7 工程效果图

图 5-8 完工照片组图

5.4.2 工程简介

该项目为深圳葛兰素史克海王流感疫苗改造工程，计划在已完成的海王英特龙公司流感疫苗生产基地实施人用流感疫苗改造工程。该工程将对原有综合楼的QC实验室、主车间部分生产用房及相应的公用工程系统进行改造，以适应人用流感疫苗的生产工艺，总改造面积为11500m²。该生产厂房年产能力达到150000人份流感疫苗（每天100000只蛋胚）。施工工作主要包括建筑、结构、基础、电气、照明、消防、供排水及动力系统安装（主要包括冷却水系统、冷冻水系统、锅炉系统、压缩空气系统）及相关管线的加工制作等。

本工程洁净室面积约6000m²，洁净等级局部达到百级。

5.5 深圳万乐药业有限公司研发生产基地建设工程

5.5.1 工程图片

深圳万乐药业有限公司研发生产基地建设工程如图5-9所示。

图5-9 工程效果图

5.5.2　工程简介

深圳万乐药业有限公司研发生产基地建设工程，位于深圳龙岗区深圳大工业区医药生物园，占地面积为 13566.4m^2，总建筑面积 37368.39m^2，由生产厂房及附属建筑组成。结构形式为混凝土框架，其中生产厂房层高 6m，跨度 8m，三层框架结构。

施工范围主要包括厂房土建和机电安装。

5.6　大连美罗药业整体搬迁技改项目

5.6.1　工程图片

大连美罗药业整体搬迁技改项目如图 5-10 所示。

图 5-10　工程效果图

5.6.2 工程简介

大连美罗药业整体搬迁技改项目（一期）机电安装工程包括：国际化固体制剂车间、冻干制剂车间、综合制剂大楼、大药厂合成中试车间和中药厂前处理及提取车间，建筑面积分别为 25865.9m^2、3921.5m^2、16733.6m^2、1214.1m^2、5053.3m^2。